本书得到西安财经大学博士科研启动经费资助

经管文库 · 管理类

前沿 · 学术 · 经典

数据包络分析交叉效率模型的优化与应用研究

The Optimization and Practical Study on DEA Cross-Efficiency Model

刘 鹏 著

图书在版编目（CIP）数据

数据包络分析交叉效率模型的优化与应用研究 / 刘鹏著. -- 北京：经济管理出版社，2024. 7. -- ISBN 978-7-5096-9766-5

Ⅰ. N945. 12

中国国家版本馆 CIP 数据核字第 20249HU930 号

组稿编辑：王　洋
责任编辑：董杉珊
责任印制：张莉琼
责任校对：蔡晓臻

出版发行：经济管理出版社
（北京市海淀区北蜂窝 8 号中雅大厦 A 座 11 层　100038）
网　　址：www. E-mp. com. cn
电　　话：(010) 51915602
印　　刷：北京晨旭印刷厂
经　　销：新华书店
开　　本：720mm×1000mm/16
印　　张：10. 75
字　　数：175 千字
版　　次：2024 年 7 月第 1 版　　2024 年 7 月第 1 次印刷
书　　号：ISBN 978-7-5096-9766-5
定　　价：98. 00 元

联系地址：北京市海淀区北蜂窝 8 号中雅大厦 11 层
电话：(010) 68022974　　邮编：100038

前　言

生产效率的衡量问题是管理学研究的一个焦点，它关乎生产要素的使用效率，意义重大。数据包络分析（Data Envelopment Analysis，DEA）方法是一种行之有效的生产效率度量方法，它是一种对同质决策单元进行生产效率度量的非参数方法，以投入产出比的方式进行效率衡量；如果生产单元是多投入多产出的生产活动，就事先给投入和产出设置一定的权重，使用加权投入产出比衡量生产效率。DEA 在效率度量方面相较于其他方法有很多的优势，诸如可以很好地识别出生产前沿面，无须事先设置生产函数的具体形式，可以很好地处理生产单元是多投入多产出的情形，等等。但是它也有一个显著的不足，就是无法对决策单元进行充分的排序和区分。为了克服这一不足，更好地区分排序决策单元，学者在 DEA 传统模型的基础上进一步扩充了 DEA 模型，提出了 DEA 公共权重模型、DEA 超效率模型、DEA 交叉效率模型等。在以上用于区分决策单元的模型中，DEA 交叉效率模型最为常用，但是要使用 DEA 交叉效率模型，需事先解决 DEA 交叉效率非唯一性问题及交叉效率集聚问题，本书将对这两大理论问题展开研究。可持续发展是人类的共识，在实施可持续发展时，适时地进行可持续发展评价、提出有针对性的指导意见意义重大。本书在对 DEA 交叉效率模型进行理论研究的基础上，以中国不同行政区域可持续发展水平测度为例，把理论研究成果应用到可持续发展评价问题中，同时进一步检验研究成果的有效性和可靠性。

为了解决交叉效率非唯一性问题，本书提出了“修缮中立模型”及“考虑决策单元原始效率的敌对、友善和中立模型”。在构建“修缮中立模型”时，选择各个产出指标的相对重要性作为被评价决策单元各个产出效率值的权重；权重确定后，被评价决策单元的加权综合产出效率值就得以确定，构建“修缮中立模型”最大化被评价决策单元的加权综合产出效率值。在构建“考虑决策单元原始效率的敌对、友善和中立模型”时，首先基于决策单元原始效率值的维度，对DEA初始模型CCR模型进行重新阐释；接着构建“考虑决策单元原始效率的敌对、友善和中立模型”。考虑决策单元原始效率的敌对模型关注的是如何选择出一组权重体系，最小化其他决策单元的平均原始效率值；友善模型的选择策略与之相反；中立模型考虑的是如何最大化自己的原始效率值。

在交叉效率集聚问题上，本书提出了使用专家打分法和主成分分析方法。在使用专家打分法进行交叉效率集聚时，把交叉效率矩阵中的“目标DMU”看作外部专家，这样交叉效率矩阵就转变为不同外部专家对决策单元的效率打分矩阵；接着使用“欧式距离”度量它们的差异程度，差异程度确定后可以得出各个专家效率打分的权重，就此可以对交叉效率进行集聚。在使用主成分分析方法进行交叉效率集聚时，把决策单元依据某一特定权重体系下计算得出的交叉效率看作其某个特征属性值，这样交叉效率矩阵就转变为决策单元在不同特征属性的取值矩阵，进而运用主成分分析方法对它们进行集聚。

在理论研究成果应用方面，本书运用理论研究成果，结合可持续发展的概念在指标的选取上既选择了经济指标又选择了环境指标。投入指标选择了劳动投入和资本投入，产出指标选择了GDP、二氧化硫排放量、氮氧化物排放量和烟（粉）尘排放量；分别从综合维度、经济维度和环境维度对中国不同行政区域的可持续发展水平进行测度，同时为表现欠佳的行政区域找出“学习标杆”，并为它们进一步提升自身的可持续发展水平指明重点改进方向。

本书的主要创新点如下：

（1）提出了“修缮中立模型”和“考虑决策单元原始效率值的敌对、友善和中立模型”用于解决交叉效率不唯一性问题。“修缮中立模型”与现存的DEA交叉效率模型相比，建模思想更加合理；“考虑决策单元原始效率值的敌对、友善和中立模型”均考虑了所选择的权重体系对决策单元原始效率值的影响，同时选择出的权重体系中包含较少的极端权重。

（2）从决策单元原始效率值的维度重新阐释了 CCR 模型。在原始效率值维度下，CCR 模型表述为只要存在一组权重体系使某个决策单元的效率值不小于其他决策单元的效率值，则该决策单元为有效决策单元。

（3）提出了将专家打分法和主成分分析方法用于集聚交叉效率。专家打分法和主成分分析法均考虑了交叉效率之间的差异性，使最终的交叉效率值和权重之间产生联系，同时两者的集聚结果也是唯一确定的，也无须测度决策者的风险偏好，给出了对交叉效率进行集聚的具体直观原因。使用主成分分析方法进行交叉效率集聚时，得出的集聚权重相较于使用专家打分法理论依据更加严谨。

（4）从综合维度、经济维度、环境维度分别对中国不同行政区域的可持续发展水平进行测度，并为表现不佳的行政区域找出了它们的“学习标杆”，同时为它们进一步提升自身的可持续发展水平指明了重点改进方向。

本书的理论研究成果进一步丰富和完善了 DEA 交叉效率模型，应用研究结果有利于进一步提升我国的可持续发展水平。

目　录

1 绪论

1.1 研究背景及意义

管理学家西蒙认为：管理就是决策。一个企业管理者的具体管理实践由计划、组织、协调、控制四部分组成，每一个环节都离不开决策，决策又离不开评价。所谓决策就是在众多备选方案中进行抉择，这时就需要事先对备选方案进行细致科学的评价。由于先前人们所掌握的数学工具极为有限，人们在对备选方案进行评价时往往依赖定性分析判断，但是此类方法的科学性不足。随着人们对事物认知的深入，掌握的数学工具越来越多，人们在对评价对象进行评价时越来越倾向于使用定量方法。一些数学工具应运而生，诸如数量经济模型、数理统计方法、数学规划方法等，它们在管理决策和系统评价中扮演着越来越重要的角色。定量分析工具相较于定性工具而言具有以下优势：其一，摆脱了人的主观性判断，计算结果更加科学合理；其二，计算机科学技术的发展，为使用定量工具提供了极大的便利条件。数据包络分析（Data Envelopment Analysis，DEA）方法就是在这样的时代背景下出现的。

生产效率的度量问题是经济学和管理学关注的焦点问题。效率衡量的是生产组织利用有限生产要素进行生产的能力。生产组织对资源配置的能力首先要参考他们的效率水平。企业的生产组织应以有效地利用生产要素为目标，即在既定的生产要素下追求产出最大化、在既定的产出下投入最小化。效率的重要性不言而喻，因此对效率的测度方法值得学者进行深入的研究和探索。数据包络分析（DEA）就是一种对生产组织进行有效效率度量的方法。DEA 首次由 Charnes、Cooper 和 Rhodes[1] 于 1978 年提出，是一种对同质决策单元（Decision Making Unit，DMU）进行生产效率度量的非参数方法。Farrell[2] 于 1957 年在对英国的农业生产效率进行度量时首次涉及了 DEA 的理念。其中 Farrell 首次提出了包络思想，同时使用投入产出比来衡量效率。由于运筹学的发展，DEA 主要依据运筹学中的规划方法得到了巨大的发展，20 世纪 80 年代后，DEA 得到了学术界的广泛追捧，现已发展成为重要的效率评价方法。传统 DEA 评价模型（如 CCR 模型、BCC 模型），是指依据一定的生产性公理（如平凡性公理、凸性公理等），把有限的观察到的生产活动扩展到一个生产可能集，生产可能集的边界即为生产前沿面，将决策单元到生产前沿面的距离作为它们效率程度的考量；如果决策单元在生产前沿面上即为 DEA 有效，表示的含义为其生产技术水平为当前阶段所能达到的最优水平，被生产前沿面包络的决策单元即为 DEA 非有效点，相应的效率值小于 1。

由于 DEA 方法不像其他评价方法具有较多的假设条件，在不需要获知甚至是不能够获知投入产出指标间的内在关系时，就可以对它们进行效率评价，相比于其他评价模型（如随机前沿分析）具有强大的优势。基于此，DEA 方法在多个国家和地区多种情境下的多个领域得到了广泛的应用，决策单元也比较多样化，如医院、大学、企业、法庭、城市，甚至可以是国家[3]。

虽然 DEA 模型作为一种效率评价方法具有诸多优势，但是由于 DEA 传统模型本质上是一个自利评估模型，它允许每个决策单元使用对自己最有利的权重体系来计算自己的效率值，这就会导致不止一个决策单元被评价为有效决策单元，由于它们的效率值均为 1，这就导致有效决策单元无法进一步区分排序，这是 DEA 传统模型最为人诟病的一个不足。为了克服这一不足之处，更好地对决策单元进行排序和区分，一些学者在对 DEA 传统模型进行扩展的基础上提出了一些新的方法。DEA 超效率模型就是其中的一种，DEA 超效率模型在求解某个特定决策单元的效率值，并在构造生产可能集时，所参考的观测点会剔除该决策单

元，这是其与 DEA 传统模型的不同之处。相应地，DEA 超效率模型对 DEA 传统模型下的有效点得出的效率值会大于 1，这样有效决策单元就可以进一步区分排序。超效率模型自 1993 年被 Andersen 和 Petersen[4] 提出以来，Thrall[5]，Dula 和 Hickman[6]，Sueyoshi[7]，Chen[8]，Chen 等[9]，Banker、Chang 和 Zheng[10] 等均对其进行了进一步研究和完善。另外一种方法是 DEA 公共权重模型[11][12]，与 DEA 传统模型每个决策单元各自选择对自己有利的权重体系不同，DEA 公共权重使用一组公共权重对所有决策单元的效率值进行测量。随后，Ganley 和 Cubbin[13]，Roll 和 Golany[14]，Sinuany-Stern 和 Friedman[15]，Kao 和 Hung[16]，Zohrehbandian、Makui 和 Alinezhad[17]，Liu 和 Peng[18]，Ramezani-Tarkhorani 等[19] 等对其进一步完善。除此之外还有多元统计排序方法，此方法是将典型相关分析、线性判别分析及比率判别分析等方法与 DEA 传统模型相结合来对决策单元进行排序[20-21]。基于多属性决策理论的 DEA 方法将多属性决策理论、偏好信息与 DEA 结合，来对决策单元进行区分排序[22-23]。在众多的对决策单元 DMUs 进行排序的方法中，DEA 交叉效率评估方法[24] 最为常用，和 DEA 传统模型纯粹的“自利评价模式”不同，DEA 交叉效率采用“自评+他评”的评价模式来对决策单元进行效率评价。每个决策单元选择一组自利权重体系，基于以上权重体系，每个决策单元将拥有一个自评效率值和 $n-1$ 个他评效率值，它们构成了一个交叉效率矩阵，依据一定的集聚方法（如平均加权方法）来集聚每个决策单元下的众多交叉效率，每个决策单元就会得到一个平均交叉效率值；依据此值，决策单元可以进行充分排序和区分。DEA 交叉效率的概念首次由 Sexton 等[24] 于 1986 年提出，而后 Doyle 和 Green[25] 于 1994 年提出了 DEA 交叉效率敌对和友善模型，有力地发展了 DEA 交叉效率模型。DEA 交叉效率模型其自身具有很多的优势，例如，可以对决策单元进行较好的区分和排序，在大多数的实践中，均可以对决策单元给定唯一的排序[26]；此外还可以在不引入额外的权重约束下，规避极端权重[27]。虽然有这些优势，但是要得到决策单元的平均交叉效率值，有两个问题需要得到解决，即每个决策单元自利权重的确定以及交叉效率集结方法的确定。由于在 DEA 传统模型求解中，每个决策单元往往会有多个最优权重体系，即每个决策单元在DEA传统模型下，最优的CCR或BCC效率值所对应的权重体系（规划式的权重解）往往不唯一，不同的权重下，对其他决策单元的“他评”效率值往往不同，尽管对自己的效率值没有影响，但这就导致得出不同的交叉效率矩阵、不同的平均交叉效率值。每个决策单元如何从众多的自利权重体系下选出一组权重，成为计算交叉效率的关键。交叉效率矩阵得出后，还面临每个决策单元下的众多效率值（1个“自评”效率值和$n-1$个“他评”效率值）如何集结的问题，是采用等权重下的简单数学平均方法还是给它们设置不同的权重。针对以上两个问题，学者们提出了一些解决办法，但是这些解决方法存在着一些不足和缺陷。

由于日益严峻的环境和资源压力，可持续发展成为了人类发展的必由之路。1987年，联合国世界环境与发展委员会发布的报告《我们共同的未来》首次提出了可持续发展的理念。可持续发展就是不以损害后代人的利益来满足当代人的福祉。在实施可持续发展具体实践时，适当地进行可持续发展评价、提出有针对性的建设意见，可以很好地指导可持续发展的具体实践，意义重大。当前常见的可持续发展综合评价是首先在经济、环境、资源、社会等层面设置一些评价指标体系，再选用一些指标评价方法如层次分析法、灰色关联分析法等得出指标的权重，使用综合评价结果来衡量评价对象的可持续发展水平。此类方法虽然可以通过科学系统地设置众多评价指标，较全面地衡量某一特定区域的可持续发展水平。但是此类方法也有显著的不足之处，即此类方法在一定程度上掩盖了以牺牲资源环境为代价换取经济增长的现象。因为是采用综合评价方法进行可持续发展测度，在评价中表现较好的评价对象，极有可能出现较好的经济绩效和较差的环境绩效；又加之在指标和权重设置时，经济指标的数量和权重都要多于环境指标，这就会使这一现象极易发生。在我国的经济发展进程中，这种粗放式、低效的利用能源换取经济增长的现象恰恰需要引起足够的重视，以避免走发达经济体走过的“先污染后治理”的老路。除此之外，也有少量学者从效率的视角进行可持续发展测度，如使用数据包络分析方法。但是，他们仅仅只是为评价对象给出评价结果，未给表现不佳的行政区域指出它们的“学习标杆”。

基于此，在克服现存DEA交叉效率模型和交叉效率集聚方法的缺陷和不足的基础上，本书提出了一些模型和方法用于解决DEA交叉效率非唯一性问题和交叉效率集聚问题，并将本书的理论研究成果以测度中国不同行政区域可持续发展水平为例，应用到可持续发展度量问题中，在为评价对象给出评价结果的同时，为表现不佳的对象找出它们的“学习标杆”。从理论上，本书对DEA交叉效率模型的两大核心问题展开研究，所提出的解决方法和模型将进一步丰富和完善DEA交叉效率模型。从实践上，本书为在可持续发展方面表现欠佳的行政区域指出它们的“学习标杆”，并为它们进一步提升自身可持续发展水平指明重点改进方向。本书的研究成果利于我国可持续发展水平的提升。

1.2 文献综述

本书主要是对DEA交叉效率这一DEA排序方法进行理论和实际应用研究。理论研究方面，在克服现存的用于解决DEA交叉效率模型交叉效率非唯一性问题及交叉效率集聚问题的方法的基础上，提出相应的方法和模型以进一步解决这两大问题，并进一步完善DEA交叉效率模型。在应用研究方面，主要是把本书的理论研究成果以对我国不同行政区域可持续发展综合评价为例，应用到可持续发展综合评价中。因此本书将从以下三个方面对相关研究成果进行回顾。

1.2.1 交叉效率非唯一性问题研究综述

每个决策单元如何在自己众多的自利权重体系（DEA传统模型所对应的权重解）中选择出一组权重体系进行交叉效率计算，是使用DEA交叉效率模型的一大难题。为了解决这一问题，Sexton等[24]提出了构建第二目标模型的想法。受此思想的启发，学者们提出了众多第二目标模型。最早也是最为常用的第二目标模型为“DEA 交叉效率敌对和友善模型”[25]。敌对模型的建模思想为“决策单元在进行权重选择时，尽可能使其他决策单元的收益最少”，具体做法为决策单元在众多的自利权重体系下，选择出一组权重体系最小化其他决策单元的平均交叉效率值。而友善模型的建模思想与之相反，即“决策单元在进行权重选择时，尽可能地使对方获得更多的收益”，具体做法为决策单元在众多的自利权重体系下，选择出一组权重体系最大化其他决策单元的平均交叉效率值。基于“敌对和友善模型建模思想”，Liang 等[28]，Wang 和 Chin[29]，Lim[30]，Wu 等[31] 均提出了一系列的“敌对和友善”模型。除此之外，还有众多的第二目标模型方法。Wu 等[32] 和 Contreras[33] 提出的“排序第二目标模型”，其目标函数更多关注的是如何使被评估决策单元的排序最优。“第二目标函数”理论认为，每个投入（产出）指标在现实的生产活动中均扮演着不可或缺的角色，在选择时尽量选出投入指标（或加权投入）之间和产出指标（或加权产出）之间权重差异较小的一组权重体系，所选择的权重体系中应尽量减少极端权重的出现。基于此，Wu、Sun 和 Liang[34]，Jahanshahloo 等[35]，Ramón、Ruiz 和 Sirvent[36]，Wang、Chin 和 Wang[37]，Wang、Chin 和 Jiang[38]，Lam[39] 等均提出了相应的彼此类似的第二目标函数方法。还有一类方法称之为“中立模型”[40]，它认为当被评价决策单元拥有在自己众多自利权重体系中进行选择的机会时，它更应该关注的是哪组权重体系对自己有利，而不应该去关注选择出的权重体系对其他决策单元是敌对还是友善。

1.2.2 交叉效率集聚问题研究综述

决策单元依据一定的“第二目标函数”，选择出一组自利权重体系后，基于 n 组权重体系每个决策单元会获得 n 个效率值，构建了交叉效率矩阵，接下来就是每个决策单元下的众多交叉效率值（1 个“自评”和 $n-1$ 个“他评”）如何集聚的问题。现存的有关 DEA 交叉效率的理论研究多集中在交叉效率矩阵的计算上，较少关注交叉效率的集聚问题。关于交叉效率集聚方面的方法可以分为两大类：一类是对它们进行等权处理，最终得出简单的平均交叉效率值；另一类是考虑它们的差异，对它们进行非等权处理。如 Wu 等[41]、Wu 等[42] 把合作博弈理论引入交叉效率集聚问题，把决策单元看作合作博弈的局中人，运用合作博弈中的核子解和夏普利值，求解交叉效率的集聚权重。除此之外，Wu 等[43] 定义了交叉效率的熵值概念，通过交叉效率与 CCR 效率值之间的距离熵函数，来决定交叉效率的集聚权重。Wang 和 Chin[44] 提出使用有序加权平均算子方法（OWA）对交叉效率进行集聚，此方法依据决策者（DM）的风险偏好水平，使集聚权重在自评效率值和他评效率值之间进行合理分配，此方法可以使自评效率值在决策单元最终的集聚结果中扮演重要角色，并使自评效率值差异较大的他评效率值扮演微不足道的角色。Song 等[45] 发现 Wu 等[43] 提出的使用熵权法进行交叉效率集聚时会导致最终的集聚权重违背“泽莱尼规则”[46]（即若所有被评价对象的某个特定指标值很接近，那么该指标在决策者进行决策时提供的帮助就很小，该指标理应分配较小的权重），为了克服这一不足，他们提出了基于熵权法的变异系数方法来对交叉效率进行集聚。Wang 和 Wang[47] 认为决策单元的效率值是基于 n 组不同的权重体系计算得出的，每个权重体系的视角和观点是不同的，应该对它们加以区别对待，相应计算得出的交叉效率也应赋予不同的权重，据此他们给出了三个模型，即“差异模型”“偏差模型”“综合模型”，来决定交叉效率的非等权集聚权重。

1.2.3 可持续发展综合评价研究综述

目前，国内外学者已经开展了大量有关可持续发展综合评价的研究，国外学者前期阶段倾向于使用基于经济学理论或国际组织制定的可持续发展评价指数，对可持续发展水平进行评价。基于相关经济学理论构造的可持续发展评价指数有经济福利测度指数[48]、社会进步指数[49]、物质生活质量指数[50]、可持续经济福利指数[51]、真实发展指数[52] 等。除此之外，国际组织也制定了一些颇具影响力的指数，如由联合国开发计划署于 1990 年制定的人类发展指数[53]，世界银行于 1995 年开发的新国家财富指标[54]，世界自然保护联盟和国际发展研究中心于 1995 年制定的可持续性晴雨表[55]，道琼斯公司和 SAM 集团建立的道琼斯企业可持续发展指数[56]，欧盟委员会于 1999 年建立的环境压力指数[57]，国际可持续发展工商理事会于 1999 年制定的生态效率指数[58]，世界经济论坛于 2002 年制定的环境可持续发展指数[59] 和环境表现指数[60]，南太平洋地球科学委员会于 2005 年制定的环境脆弱性指数[61]。尽管以上众多指数可以用于可持续发展综合评价，但是这些指数大多只关注可持续发展的经济和环境层面，同时也很难对它们进行准确测量，在指标选择及权重确定方面也存在不合理、不科学的问题。为了克服其不足，学者们越来越倾向于先建立可持续发展综合评价指标体系，这些指标可以反映可持续发展的经济、社会、环境等层面，接着使用一些系统评价方法如主成分分析方法等来确定指标的权重，最终得出一个可持续发展综合评价值，或从效率的角度进行可持续发展综合评价。如 Tan 和 Fatih[62] 首先构建了一个包含基础设施、土地利用、环境和交通等方面的可持续发展指标体系，接着使用 Delphi 法确定指标权重，最后以澳大利亚昆士兰州黄金海岸部分城市为例，把提出的度量模型应用到可持续发展综合评价中。Ki-Hoon 等[63] 在投入指标上选取直接费用和人力成本，在产出指标上选取成本节约，使用 DEA 对企业可持续发展能力展开度量。

现阶段，我国学者对可持续发展已经开展了大量的研究并取得了丰富的成果，从研究对象的空间维度上可以划分为国家、区域及城市层面的可持续发展研究。朱婧等[64] 基于联合国可持续发展目标（SDGs）框架构建了一套适用中国具体国情的可持续发展评价指标，该指标体系所涵盖的领域有民生改善、经济发展、资源利用及环境质量，在指标权重的赋权上采取等权方式，据此对我国 2012~2016 年的可持续发展水平进行度量，结果显示可持续发展的总得分在考察期内处于持续增长的态势。王仲君和赵玉川[65] 依据复杂性科学的理念对可持续发展的子系统进行了剖析，据此构建了一套可以对我国的可持续发展水平进行度量的可持续发展评价指标体系，该指标体系主要反映的是可持续发展的经济子系统，具体指标有人均粮食产量、人均 GDP 等，并利用秩和检验方法对中国可持续发展经济子系统进行分析和评价。陈长杰等[66] 基于 PREEST 系统模型，提出

了一套可持续发展水平评价指标体系，该指标体系涵盖人口、资源、经济、环境和科技五个方面，并使用主成分分析方法和隶属度分析方法对我国 1987~2001 年的可持续发展水平进行测量。门可佩等[67] 依据系统性与针对性、动态性与静态性、独立性与相关性相结合的原则，构建了一个反映人口、能源、经济、环境的可持续发展指标体系，接着运用主成分分析方法对各子系统众多指标体系进行降维，得出各子系统指数，并对各子系统的赋权使用灰色关联分析方法（GRA）与层次分析方法（AHP）相结合的方法，进而获得最终的可持续发展指数。他们还使用该模型对我国 1999~2008 年的可持续发展进行了综合评价。

在区域层面上，毛汉英[68] 依据科学性原则、可操作性原则、层次性原则、完备性原则及动态性原则五大原则，提出了适用山东省的可持续发展评价指标体系，该指标体系包含四个子系统，分别是经济增长、社会进步、资源环境支持、可持续发展能力；使用层次分析方法（AHP）对指标进行赋权，据此对山东省的可持续发展水平展开评价。刘求实和沈红[69] 依据科学性等原则制定了一套可持续发展水平评价指标体系，该体系涵盖社会生活质量等八个维度，并使用层次分析方法（AHP）得出指标权重，在实地评价方面选择了长白山山区。张学文和叶元煦[70] 在提出“要素关系-功能状态-发展能力”概念模型的基础上，构建了可持续发展评价指标体系，该评价体系包含资源、经济、社会等方面，在指标权重的确定方面使用层次分析方法（AHP），依据该模型对黑龙江省的可持续发展水平进行了实证分析。乔家君和李小建[71] 结合河南省的实际情况，设计了一套可持续发展评价指标体系，并使用改进的层次分析方法（IAHP）得出指标的权重，就此对河南省的可持续发展水平展开度量。陈群元和宋玉祥[72] 依据东北三省（黑龙江、吉林、辽宁）的具体情况，构建了一个可以对东北地区进行可持续发展水平度量的评价指标体系，该指标体系涵盖经济、社会等五大方面，并应用三标度层次分析方法（IAHP）对东北地区 1990~2000 年的可持续发展水平进行了纵向评价。邱云峰等[73] 构造了一个包含经济、社会等维度的适用沿海地区的可持续发展评价指标体系，使用 Delphi 法确定指标权重，使用 GIS 技术获取指标数据，据此对我国沿海省份的可持续发展进行综合评价。于娜等[74] 使用生态足迹模型对我国四大沙区即毛乌素沙地、呼伦贝尔沙地、浑善达克沙地、科尔沁沙地的可持续发展水平展开了对比分析，便于以后开展有针对性的区域管理。刘明[75] 依据可持续发展理念阐释了海洋可持续发展能力，认为海洋经济可持续发展能力应包含海洋资源供给能力、海洋产业的经济能力、海洋环境治理及保护能力、海洋科技发展水平；依据上述四方面内容，设计了针对性的评价指标，并运用三标度层次分析方法（IAHP）设定指标权重，对我国沿海区域的海洋经济可持续发展能力进行了定量分析。朱卫未和王海静[76] 使用数据包络分析（DEA）方法对我国不同行政区域的可持续发展水平进行了度量，设计了可持续发展评价指标体系的输入指标（如人力资源等）和产出指标（如第一产业增加值等）。吴鸣然和赵敏[77] 构建了区域可持续发展评价指标体系，该体系含有 3 个一级指标、5 个二级指标和 21 个三级指标，具体涉及资源系统、环境系统、社会经济系统三个方面；接着使用熵值法确定指标权重，使用 2014 年我国 31 个省份的数据，对其可持续发展水平进行了度量；结果表明，总体的可持续发展水平不容乐观，资源和环境方面是主要的制约因素。杨朝远和李培鑫[78] 在现有文献的基础上，构建了一个包含 53 个三级指标的评价体系，使用因子分析方法确定指标的权重，在实地度量方面选择了我国 21 个城市群；结果显示，我国城市群的整体可持续发展水平不高，且呈现由东向西递减趋势。曹淑艳等[79] 基于多功能视角，以可持续发展为导向，融合自上而下的决策树技术和自下而上的指标升级技术，构建了区域功能评价框架与算法，开发了区域功能的分级与分类的判别标准。刘玉和刘毅[80] 构建了一套包含基础系统、协调系统及潜力系统的区域可持续发展评价指标体系，在指标权重的设定方面采用层次分析方法，据此对我国 31 个省级行政区的可持续发展水平进行度量，依据它们的得分把它们归类到良好状态类型区、较好状态类型区、一般状态类型区和较差状态类型区。黄宝荣等[81] 构建了一套包含 28 个指标并涵盖自然条件、人类胁迫、生态环境效应和社会响应 4 个主题的中国省级行政区域的可持续发展评价指标体系，使用专家调查和层次分析方法确定指标的权重，据此对我国 31 个行政区域的可持续发展水平进行度量和评价，并依据它们的可持续发展水平得分进行聚类。高乐华和高

强[82] 运用能值分析理论与方法，从能值来源结构、经济子系统、生态子系统、社会子系统和可持续发展能力 5 个方面，对中国沿海地区 11 个省市 1995 年和 2009 年生态经济系统运行状态进行了对比研究；结果显示，与 1995 年相比，2009 年时沿海地区的经济和社会子系统得到了巨大的发展和进步，但是生态子系统承受了巨大压力。仇方道[83] 依据科学性、综合性、动态性、可比性、可操作性及层次性等原则，设计了一套县域可持续发展综合评价指标体系，并使用因子分析方法得出经济、社会和环境可持续指数；接着使用层次分析方法，得出各个维度指数的权重，据此得出可持续发展综合指数。此外，他以江苏省新沂市为例，对构建的县域可持续发展评价指标体系和方法进行了实地应用。陈林生[84] 运用综合福利法对海岸带区域可持续发展进行了评估，并构建了上海临港地区可持续发展评价指标体系。叶潇潇和赵一飞[85] 依据科学性、可行性等原则，构建了港口可持续发展能力评价指标体系，并依据长江三角洲港口群的可持续发展得分，对其进行了聚类分析。徐虹[86] 选取绿色 GDP 作为衡量区域经济可持续发展能力的指标，依据此指标比较分析了浙江省和江苏省的经济可持续发展能力；结果显示，浙江省的经济可持续发展水平高于江苏省。乔旭宁等[87] 基于“驱动力-压力-状态-影响-响应”（DPSIR）模型，构建了适用河南省具体省情的可持续发展评价指标体系，在指标权重确定方法方面选取了熵权法，在对河南省具体的行政区域（如郑州、开封等）的可持续发展水平进行实地度量时，发现总体的可持续发展水平欠佳。刘海等[88] 提出使用 GIS 技术与生态足迹相结合的方法，来对可持续发展展开定量评价，在实地度量方面选取了江西省作为典型代表。黄秉杰等[89] 运用信息熵评价法构建了可持续发展评价体系，该体系涵盖经济、就业、社会和环境 4 个方面，并对我国 31 个省级行政区域进行了综合评价；结果显示，对资源依赖度越高的行政区域，其可持续发展能力排名越低，第三产业占 GDP 比重越高的区域，其可持续发展能力排名越高，印证了“资源诅咒”现象。檀菲菲[90] 建立了中国三大经济圈可持续发展评价指标体系，对 2001～2012 年三大经济圈（京津冀、长三角、珠三角）的可持续发展水平进行了比较分析；结论表明，在考察期内三大经济圈的生态环境逐步恶化。杨建辉等[91] 构建了一个包含 18 个指标、26 个要素的沿海地区可持续发展评价指标体系，依据主成分分析法得出各个被评价对象的可持续发展评估值，以我国 14 个国家级沿海经济区为评价对象进行评估；结论显示，珠三角地区、上海浦东新区和长三角经济区是可持续发展水平最高的区域。

在城市层面上，卢武强等[92] 依据整体完备性原则、科学性原则、可操作性原则、区域性原则及层次性原则，构建了城市可持续发展评价指标体系，该指标体系涵盖经济增长、社会进步、生态环境及可持续发展能力四个方面；使用 AHP 确定指标权重，在实地度量方面选取了武汉市作为典型代表。金建君等[93] 依据可持续发展理论，提出了海岸带可持续发展的理念和内涵，据此构建了海岸带可持续发展评价指标体系和方法；以辽宁省部分海岸带城市为例，验证了指标体系和评价方法构建的合理性。张自然等[94] 提出了一套包含经济增长可持续性等 5 个维度、人民生活水平等具体 42 个指标的城市可持续发展评价指标体系，在评价方法上选用主成分分析方法，据此对我国 264 个地级市 1990~2011 年的可持续发展水平展开度量和排序。陈丁楷等[95] 依据 DEA 方法构建了城市可持续发展评价指标体系的输入输出指标，在 DEA 模型的选择上，依据 CCR 模型得出被评价对象的综合效率，依据 BCC 模型得出纯技术效率，通过两者效率的比较得出规模效率，据此对我国 15 个副省级城市的可持续发展能力进行了分析。顾朝林等[96] 在参考现有评价指标体系的基础上，构建了一套针对江苏省地级市的可持续发展能力评估指标体系，该体系共有 42 项指标，它们分别反映了经济、社会、资源与环境；接着使用德尔菲法进行逐层赋权，在此基础上对江苏省地级市进行了可持续发展能力综合评价。孙晓等[97] 构建了一套包含经济发展、社会进步、生态环境 3 类 24 项指标的城市可持续发展指标体系，采用全排列多边形图形法，对我国不同规模城市 2000~2010 年的可持续发展水平进行了综合评价。研究表明，从不同规模城市的横向对比来看，随着经济规模的扩大，可持续发展中的经济发展指数和社会进步指数随之上升，但是生态环境指数随之下降；从时间序列纵向对比分析发现，考察期内不同规模城市的可持续发展水平均有显著提升，并且特大型城市在生态环境方面的改善程度最大。向宁[98] 以城市三支柱协调发展为理论基础，分别采用城市5年人口年均动态增长率、空气PM2.5浓度年达标水平、5年地区GDP年均动态增长率3项指标，作为城市社会进步、环境保护、经济增长三大维度表征，构建“8类4级”城市分类评价方案，其中4级分别代表强、中、弱、欠可持续发展态势。屈晓翔和谢锐[99]构建了湖南省两型社会（资源节约型、环境友好型）可持续发展评价指标体系，使用层次分析方法计算得出综合指数；在对湖南省各地级市两型社会可持续发展水平进行实地度量时，发现总体上呈现“东高西低”的格局。郭志仪和李志贤[100]根据油气资源城市的具体特征，构建了西部油气资源型城市可持续发展综合评价指标体系，并以克拉玛依市为例进行了实证分析。李娟文和王启仿[101]提出了一套城市经济可持续发展能力的综合评价体系，该评价指标体系包含36个指标，涵盖了经济资源支撑能力、经济发展态势、社会环境持续能力及生态环境持续能力四个方面；接着应用因子分析法，对我国副省级市经济可持续发展能力进行了定量评价和能力分级。唐菊等[102]采用层次分析法和可持续发展评价指标体系对青海省海西州2005~2016年的可持续发展水平进行度量，结果表明，考察期内，海西州整体的可持续发展水平偏低，且各年份之间差异较大，但总体呈上升态势。苑清敏和崔东军[103]等从低碳经济视角出发，基于DPSIR（驱动力、压力、状态、影响、响应）模型，构建了区域低碳经济可持续发展评价指标体系，并使用主成分分析方法确定指标权重，据此对天津市2001~2010年的可持续发展水平展开了度量和评价。何砚和赵弘[104]使用CCR-DEA模型和Malmquist指数对2008~2015年京津冀城市可持续发展效率进行了动态测评和对应项分解，结果显示，它们之间的可持续发展水平差异较大，北京大幅度领先天津及河北城市。杨丹荔等[105]使用生态足迹方法对攀枝花市1995~2013年的可持续发展水平进行了度量，结果表明，攀枝花市的可持续发展水平不高，仍然处于强不可持续阶段。郭存芝等[106]使用DEA方法从效率的角度对可持续发展水平展开度量，据此设计了可持续发展的输入输出指标，并采用主客观权重相结合的方法构造了DEA输入、输出综合指标；在此基础上对我国20个资源型城市的可持续发展水平进行了实证分析，表明DEA方法适宜运用到可持续发展度量问题。海热提等[107]依据可持续发展理念，构建了一个含有经济增长、环境状况的可持续发展评价指标体系，在指标权重的确定方法上选择了模糊综合评价方法和 AHP；而后，使用该模型对乌鲁木齐等城市的可持续发展评价进行实证分析。刘丹[108] 构建的可持续发展综合评价模型，在指标体系方面包含经济总体规模水平等指标体系，在指标权重方面使用模糊综合评价方法。宁宝权等[109] 构建了一个适用矿业城市可持续发展评估的评价指标体系，该套评价体系包含废物处理能力等 3 个层面，使用熵权法对指标进行动态赋权，据此对矿业城市三盘水 2004 ~ 2011 年的可持续发展进行了评价；结果显示，在考察期内三盘水的可持续发展水平逐步改善。钱耀军[110] 构建了一套适用生态城市可持续发展评估的评价指标体系，该套评价体系包含可持续发展的经济、资源等层面，使用熵权法对指标进行赋权，据此对海口的可持续发展水平进行评价。徐梅[111] 构建了可持续发展评估模型，该模型所采用的指标体系涵盖经济、社会、人口、资源和环境等层面，在指标权重上使用层次分析方法。许学强和张俊军[112] 构建了 1 个含有环境可持续指数、经济可持续指数、社会可持续指数的 3 个一级指标，20 个二级指标，48 个三级指标的城市可持续发展评价指标体系，依据主成分分析方法得出各个指数值（环境、经济和社会），依据层次分析法得出各个指数的权重，进而得出可持续发展综合水平，据此对广州市的可持续发展水平展开评估。张广毅和谭畅[113] 构建了一个含有经济、社会及资源和环境三个子系统，26 个具体指标的可持续发展评价指标体系，使用主成分分析方法分别求得各个子系统评价值，对三个子系统采取等权方式得出最终的可持续发展综合评估值，据此对上海、宁波、杭州等长三角城市的可持续发展展开评估。

1.2.4 文献述评

用于解决 DEA 交叉效率非唯一性问题的第二目标模型，可以简单地被划分为“中立模型”及非“中立模型”两大类。“中立模型”在建模时考虑的是如何在众多自利权重体系中选择出一组对自己最为有利的权重体系；非“中立模型”

在建模时考虑其他方面，如如何使选择出的权重体系对其他决策单元更为有利等。由于“中立模型”的建模思想更加符合逻辑，所以依据其他非“中立模型”得出的交叉效率的合理性弱于“中立模型”。同时，Wang 等[40] 提出的中立模型选择出的权重体系不完全符合“中立模型”的建模思想，距离实现被评价决策单元利益最大化的目标还有一定的距离（后文会有详细论述）。鉴于此，本书在 Wang 等[40] 提出的“中立模型”的基础上，构建了一个“修缮中立模型”用来解决交叉效率非唯一性问题，新构建的“修缮中立模型”相较于原有的“中立模型”更加有利于被评价决策单元。同时，由于新构建的“修缮中立模型”以及现存用于解决交叉效率非唯一性问题的第二目标模型，在选择权重体系时均是考虑其对决策单元（DMU）标准化效率值的影响，忽视了其对决策单元原始效率值的影响，以及虑及决策单元标准化效率值的敌对、友善和中立模型，因此选择出的权重体系中含有大量的“零权重”。为了克服这些不足，本书构建考虑决策单元原始效率值的敌对、友善和中立模型。

目前用于集聚交叉效率的方法，可以分为两类：一类是采用等权方式集聚交叉效率，但是此种方法得出的最终效率值和权重之间失去了关联性[114]，同时该集聚方案也没有考虑到不同交叉效率之间的差异性，导致最终的集聚结果不合理[47]；另一类是采用非等权的方式来集聚交叉效率，Wu 等提出非等权集聚方法如合作博弈中的核子解[41] 和夏普利值[42] 以及熵权法[43]，但是以上三种方法除了指出平均交叉效率值不是一个帕累托解这一抽象原因，未给出具体直观的原因说明为什么要用非等权的方式来集聚交叉效率[47]。Song 等[45] 提出基于熵权法的变异系数方法，虽然克服了熵权法集聚权重违背“泽莱尼规则”[46] 的不足，但是它同样未给出对交叉效率进行非等权集聚的具体直观原因。使用有序加权平均算子方法（OWA）对交叉效率进行集聚时，最终的集聚结果依赖决策者的风险偏好水平，不同的偏好水平会得出不同的集聚结果[43]；同时在现实中也很难去测度决策者（DM）真实的风险偏好水平。Wang 和 Wang[47] 认为，决策单元的交叉效率是在 n 组不同的权重体系下计算得出的，由于 n 组不同的权重体系来自不同的视角和观点，应该区别对待，由它们得出的交叉效率也应该区别对待，据此提出了“差异模型”“偏差模型”“综合模型”来决定交叉效率的集聚权重。但是 n 组权重体系是基于特定的 DEA 交叉效率第二目标模型（如敌对模型）得出的，特定的第二目标模型的建模思想是既定的，这意味着 n 组权重体系的视角和观点是一致的，并非有所差异；同时三个模型给出的集聚结果也会出现差异，且它们的建模思想一致，彼此之间无明显的优劣势之分，不便于决策者使用。为了克服现存交叉效率集聚方法的不足，本书提出使用专家打分法来集聚交叉效率。在使用专家打分法集聚交叉效率时，对不同专家效率“打分”的权重设置是基于它们之间的差异程度，差异程度较大的专家，相应地其效率“打分”权重较小，这一处理方式只是基于一般的常识判断，缺乏严谨的理论依据。为了克服上述不足，本书进一步提出结合使用主成分分析（PCA）方法进行交叉效率集聚。

在进行可持续发展综合评价时，常见的方式是首先在经济、环境、资源、社会等维度选择适当的评价指标体系，接着选用一些系统评价方法如 AHP 等来确定指标的权重，最终得出被评价对象的综合可持续发展水平评价结果。虽然此类可持续发展评价模式，相较于可持续发展评价指数而言，可以更加全面地反映一个区域的可持续发展水平，但是此类方法也存在一个显著的不足，那就是在一定程度上会出现以牺牲资源环境为代价来换取经济增长的现象，这是因为它们采用的是综合评价指标体系，同时在指标的选择和权重设定上，经济指标往往多于资源、环境类指标，这就容易导致整体表现较佳的评价对象很有可能出现较好的经济绩效和较差的环境、资源绩效的现象。而在我国的经济发展进程中，要竭力避免这种现象，避免走粗放式的经济发展模式。于是，一些学者尝试将数据包络分析应用于可持续发展评价。虽然使用 DEA 方法可以克服这一不足，但是现存使用 DEA 方法进行可持续发展综合评价的文献，仅仅只是使用 DEA 方法得出它们的评价和排序结果，没有为非有效（表现不好）被评价对象选择出它们的“学习标杆”，不利于它们的可持续发展水平的进一步改善和提高。鉴于此，本书以我国不同行政区域可持续发展综合评价为例，把本书的理论研究成果应用到可持续发展综合评价问题上，在给出被评价对象的评估和排序结果的同时，选择出非有效被评价对象的“学习标杆”。

1.3 研究内容与方法

1.3.1 研究内容

本书对 DEA 交叉效率模型的两大理论问题，即交叉效率非唯一性问题和交叉效率集聚问题展开研究，并把研究成果应用到可持续发展评价问题中。具体的研究内容如下：

（1）交叉效率非唯一性问题研究

首先，剖析产生这一问题的原因，对问题进行详细描述。其次，对现存的用于解决这一问题的方法和模型进行文献回顾，着重分析它们的不足之处，为接下来本书提出的方法模型做好铺垫；在克服现存方法模型不足之处的基础上，提出了“修缮中立模型”和“考虑决策单元原始效率值的敌对、友善和中立模型”用于解决这一问题。最后，通过算例对比分析的方式验证本书所提出的模型的有效性与优越性。

（2）交叉效率集聚问题研究

首先，对交叉效率集聚问题进行描述。其次，对解决这一问题的方法和模型进行文献回顾，指出它们的不足之处，本书提出使用“专家打分法”和“主成分分析方法”来集聚交叉效率。最后，通过算例对比分析来验证所提出的方法模型的有效性和优越性。

（3）可持续发展评价问题研究

首先，指出进行可持续综合评价的必要性。其次，对可持续发展综合评价文献进行回顾，指出常用可持续发展综合评价方法的不足。为了克服这些不足，本书以对我国不同行政区域的可持续发展水平进行测度为例，应用到可持续发展综合评价问题中：采用可以处理非期望产出的 DEA 传统模型，从综合维度（经济+

环境）对中国不同行政区域的可持续发展水平进行测度；使用DEA交叉效率模型识别出最为有效的行政区域，此区域可以作为其他表现不佳行政区域的“学习标杆”。最后，分别从经济维度和环境维度对各行政区域进行测度，测度结果可以为表现不佳的区域指明提升自身可持续发展水平的重点努力方向。

1.3.2 研究方法

本书所涉及的研究方法主要包括以下几种：

（1）文献研究方法

在明晰研究问题之后，接下来就需要对当前阶段解决此问题的方法和模型进行回顾和分析，着重指出它们的缺陷和不足之处，为后续的研究做好铺垫。

（2）修缮中立模型

提出“修缮中立模型”用于解决交叉效率非唯一性问题。在构建“修缮中立模型”时，将各个产出指标的相对重要性作为被评价决策单元各个产出效率值的权重，权重确定后被评价决策单元的加权综合产出效率值就得以确定下来。“修缮中立模型”的建模思想是在众多的自利权重体系中，选择出一组能最大化自己加权综合产出效率值的权重体系。

（3）考虑决策单元原始效率值的敌对、友善和中立模型

提出此类模型用于解决交叉效率非唯一性问题。在构建此类模型时，首先从决策单元原始效率值的视角重新阐释了CCR模型，接着构建了“考虑决策单元原始效率值的敌对、友善和中立模型”。敌对模型考虑的是如何选择出一组权重体系最小化其他决策单元的平均原始效率值，友善模型的建模思想与之相反，中立模型关注的是如何最大化自己的原始效率值。

（4）专家打分法

借鉴专家打分法的思路对交叉效率进行集聚。在使用该方法集聚交叉效率时，把交叉效率矩阵中的“目标DMUs”看作外部专家，这样交叉效率矩阵就转换为不同外部专家对决策单元的打分矩阵；而后，使用“欧式距离”可以度量

出不同专家之间的差异性，差异性求得后可以得出各个外部专家效率打分的权重，就此可以对交叉效率进行集聚。

（5）主成分分析方法

在使用主成分分析方法集聚交叉效率时，把决策单元在某一特定权重体系下得出的效率值看作它在某一属性上的取值，这样交叉效率矩阵就转换为决策单元在不同属性上的取值矩阵。

（6）算例对比分析方法

使用算例对比分析方法进一步说明所提出的模型方法的有效性和优越性。

（7）可以处理非期望产出的 DEA 模型

由于在对我国不同行政区域的可持续发展水平进行测度时，选取的产出指标中涉及非期望产出（如二氧化硫排放量等），这为使用 DEA 模型造成了一定的困难。为了解决这一问题，学者们提出了一些可以处理非期望产出的 DEA 模型，在其中，由于 Seiford 等人提出的模型既可以很好地反映真实的生产活动，又可以保持数据转换域值的不变性，故本书选用此模型。

（8）DEA 交叉效率模型

使用 Seiford 等人提出的可以处理非期望产出的 DEA 模型识别出多个有效行政区域后，继续使用 DEA 交叉效率模型进一步识别出最为有效的行政区域，该区域可以作为其他表现欠佳行政区域的“学习标杆”。

1.4 技术路线与结构安排

1.4.1 技术路线

本书的技术路线如图 1-1 所示。

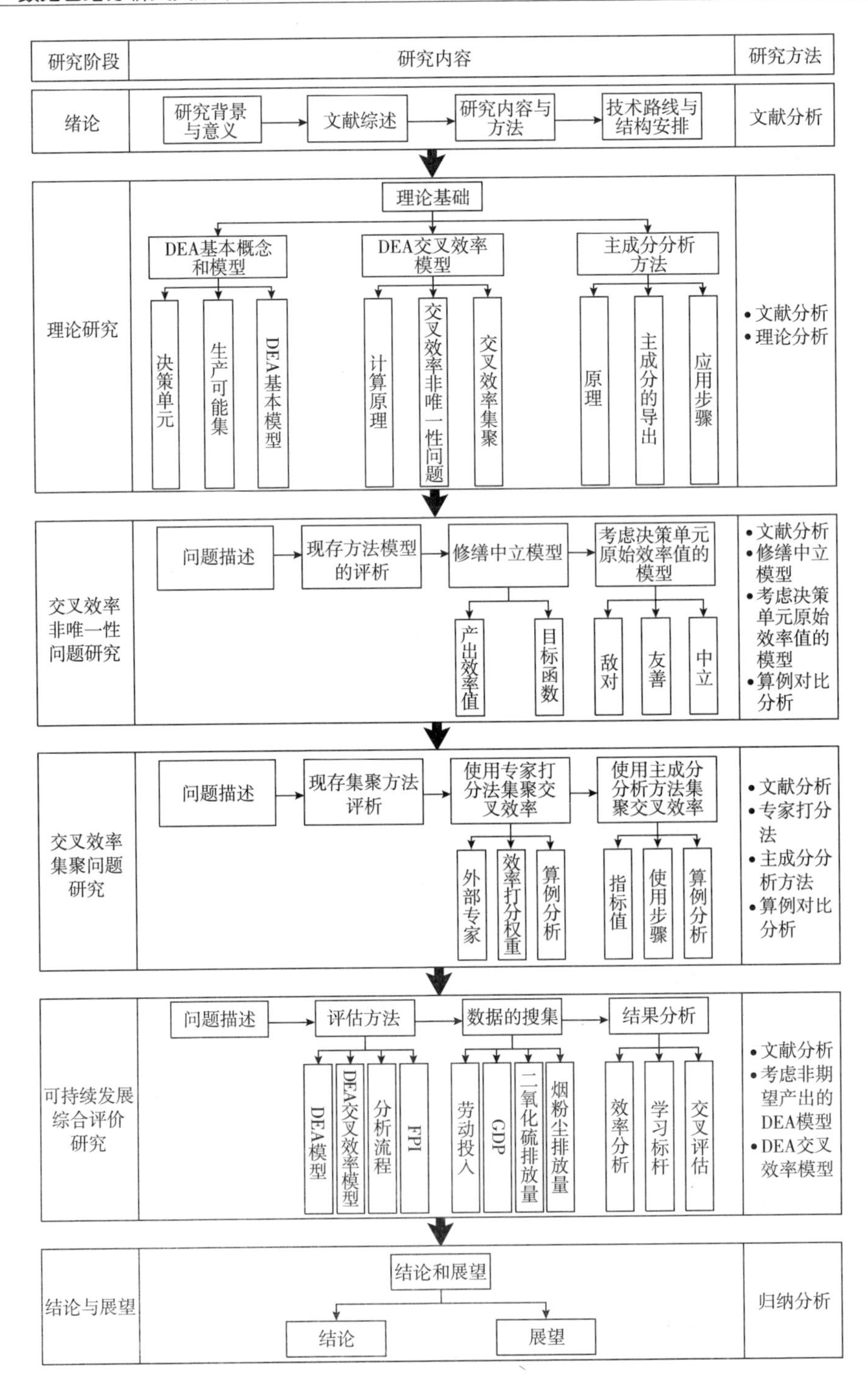
研究阶段
研究内容
研究方法
绪论
研究背景与意义
文献综述
研究内容与方法
技术路线与结构安排
文献分析
理论研究
理论基础
DEA基本概念和模型
DEA交叉效率模型
主成分分析方法
决策单元
生产可能集
DEA基本模型
计算原理
交叉效率非唯一性问题
交叉效率集聚
原理
主成分的导出
应用步骤
•文献分析
•理论分析
交叉效率非唯一性问题研究
问题描述
现存方法模型的评析
修缮中立模型
考虑决策单元原始效率值的模型
产出效率值
目标函数
敌对
友善
中立
•文献分析
•修缮中立模型
•考虑决策单元原始效率值的模型
•算例对比分析
交叉效率集聚问题研究
问题描述
现存集聚方法评析
使用专家打分法集聚交叉效率
使用主成分分析方法集聚交叉效率
外部专家
效率打分权重
算例分析
指标值
使用步骤
算例分析
•文献分析
•专家打分法
•主成分分析方法
•算例对比分析
可持续发展综合评价研究
问题描述
评估方法
数据的搜集
结果分析
DEA模型
DEA交叉效率模型
分析流程
FPI
劳动投入
GDP
二氧化硫排放量
烟粉尘排放量
效率分析
学习标杆
交叉评估
•文献分析
•考虑非期望产出的DEA模型
•DEA交叉效率模型
结论与展望
结论和展望
结论
展望
归纳分析

图 1-1　本书的技术路线

1.4.2 结构安排

依据技术路线，本书内容的结构安排如下：

第 1 章主要阐述了研究背景、研究意义和相关研究综述。

第 2 章主要介绍了数据包络分析（DEA）方法和 DEA 交叉效率的基本理论。内容主要涉及 DEA 理论中的一些基本概念和理论、基本模型和原理以及 DEA 交叉效率方法介绍。

第 3 章研究了交叉效率非唯一性问题。首先给出产生这一问题的原因，其次分析现存解决方法存在的不足之处。针对它们的不足提出相应的解决办法，具体的解决方案为修缮的 DEA 中立模型以及考虑决策单元原始效率值的第二目标函数模型。

第 4 章研究了交叉效率集聚问题。该章分析了现存的交叉效率集聚方法存在的不足，为了克服不足，本书引入了专家打分法和主成分分析方法来集聚交叉效率。

第 5 章以中国不同行政区域的可持续发展综合评价为例，将本书的理论研究成果应用到可持续发展综合评价中。基于可持续发展理念，首先使用考虑非期望产出的 DEA 模型，来评估和排序中国 31 个行政区域（除港澳台外）的可持续发展水平，并对沿海区域和内陆区域在可持续发展方面是否存在显著性差异给出说明；其次运用 DEA 交叉效率模型鉴别出真正有效的行政区域，并以此作为非有效区域的学习和改进对象；最后运用经济导向和环境导向 DEA 模型分别度量中国行政区域在可持续发展的经济维度和环境维度上的表现，对表现不好的区域给出了有针对性的改进方向。

第 6 章对本书的研究内容进行了归纳和总结，指出了创新点的同时也指出了不足之处，以及未来的研究方向。

2 相关理论基础

2.1 DEA 基本概念及模型

2.1.1 决策单元

决策单元（DMU），即生产单元、厂商、被评价对象[115]。决策单元泛指一切消耗一些生产要素（资源）获取一些产出的生产组织，如医院、学校、企业等都可以视作决策单元。只要生产组织单位有投入产出要素，它们就可以作为数据包络分析（DEA）模型中的决策单元。

由于 DEA 是一种对同质决策单元生产效率进行度量的非参数方法，决策单元的同质性如何界定，根据魏权龄[116] 的研究，需满足以下特征：

(1) 具有相同的投入产出要素

这是界定决策单元是否同质最为关键的因素，同质决策单元要具有相同的投入产出要素。例如，医院和学校，医院的主要目标是治愈患者，医院的主要投入要素有医生、医疗器械等，主要产出要素为治愈的患者数量等；而学校的主要目标是教书育人、进行科学研究，主要投入要素有教师、教学设备等，产出要素主要有培养的学生数量、发表的科研论文等。由于两者的投入、产出要素均不同，

两者无法运用 DEA 模型进行效率比较，DEA 只适用于在不同医院或学校之间进行效率比较。

（2）同一指标（投入产出要素）的量纲要统一

虽然 DEA 对不同指标的量纲不要求一致，但是同一指标的测量量纲要一致。只有这样，不同决策单元同一指标测量的结果才具有可比性。对于不同的量纲，可以根据量纲之间的换算比率进行转换[117-119]。

（3）外部环境一致

决策单元所处的外部宏观环境应保持一致或相似，不宜差距过大，即要求被评价决策单元效率差异主要是由自身内部因素所致，减少由外部环境因素差异导致的决策单元，这些决策单元之间不可比较。如果对处于不同外部环境的决策单元进行比较，那么应该将环境因素单独作为一个指标予以考虑[120-122]。

2.1.2 投入和产出

在 DEA 研究领域中，生产过程中对各类生产要素的消耗称为“投入”，生产过程中输出的各类产品和服务称为“产出”[116]。例如，对于一所大学而言，“投入”是教师工资、教学设备以及行政管理人员的工资等，“产出”为培养的本科生和研究生数量、发表的科研论文数量、发明的专利等。

投入指标表示的是对资源的消耗，我们一般希望它越少越好；产出指标是生产过程中输出的产品和服务，我们一般希望它越多越好。但是在实际生产中，会出现与所期望的情况相背离的情形[123]，即出现期望投入或非期望产出的情形[124]。例如，企业在生产中，在产出期望的产品或服务的同时，也会带来对环境的污染，如排放的废气、废物、废水等。对这些非期望的产出，在运用 DEA 模型时，一般要对它们进行线性变换，将其转换为期望的产出[125]。

基于生产可能集的视角下，生产过程中的投入指标（x）和产出指标（y）应满足以下关系：

- x 能产出 y；
- y 是由消耗 x 得出的。

在选取投入产出指标时，一定要区分投入产出指标和效率影响因素。以医院为例，其主要产出指标为治愈的患者数量，投入指标为医生、护士数量及一些医疗设备，当前进行的医疗改革对医院的效率会有影响，但是医疗改革只是影响效率的因素，并非医院的投入要素。

由于 DEA 是一种对生产效率进行测度的非参数方法，它不事先预设生产函数的具体形式，对投入产出要素是否共线性不做要求。在实际生产实践中，往往生产要素就要以一定的比例进行投入。以医院为例，医生和护士的数量就存在一个合理的范围，二者往往是高度相关的。

但是，在实际运用中如若投入产出指标数量过多、决策单元的数量过少，就会造成模型对决策单元区分不足的问题，为了解决这一问题，我们可以删减一些高度相关的指标。

DEA 模型是一个线性规划方法，它是基于生产可能集理论构建的，生产可能集中的投入产出组合是 DMU 投入产出的线性组合，这就要求投入产出指标之间可以线性相加。例如，若投入产出指标中存在率指标，如反映卫生体系投入产出指标（如卫生总费用占 GDP 的比例、服务覆盖率、死亡率、发病率、患病率等），由于率指标是比值指标，如果各 DMU 的率指标的分母不同，就会产出不合理的评估结果[125]。

如果投入产出指标中含有率指标，Emrouznejad 和 Amin[126] 建议，可以采取如下两种方式来处理。

以产出导向的 VRS（规模报酬可变）模型为例，第一种方法是将率的分子作为产出指标，分母作为投入指标处理，其线性规划如模型（2-1）所示。其中，N 和 D 分别表示率指标的分子和分母，n_0 和 d_0 分别为被评价 DMU 的分子和分母。

$$\max \varphi$$

$$\text{s. t. } X\lambda \leqslant x_0$$

$$Y\lambda \geqslant \varphi y_0$$

$$N\lambda \geqslant \varphi n_0$$

$$D\lambda \leqslant d_0$$

$$\sum_j \lambda_j = 1$$

$$\lambda \geqslant 0 \tag{2-1}$$

第二种方法是在线性规划方程的左边将率指标拆分为分子指标和分母指标，分别进行线性运算，但是在方程的右边不对被评价 DMU 的率指标进行拆分，其规划方程如模型（2-2）所示。其中，N 和 D 分别表示率指标的分子和分母，γ_0 表示被评价 DMU 的率指标。

$$\max \varphi$$

$$\text{s.t. } X\lambda \leqslant x_0$$

$$Y\lambda \geqslant \varphi y_0$$

$$\frac{N\lambda}{D\lambda} \geqslant \varphi \gamma_0$$

$$\sum_j \lambda_j = 1$$

$$\lambda \geqslant 0 \tag{2-2}$$

以上两种方法各有优缺点：第一种方法的模型是线性的，易于计算和求解，但是增加了投入产出指标数量；第二种方法虽然没有额外增加投入产出指标的数量，但是该模型是非线性规划的，难以求解和计算。这两种方法的使用前提是获得率指标的分子和分母数据。

2.1.3 参考集和生产可能集

每个被评价决策单元都有自己相应的投入产出数值，它们的生产活动一般是多投入多产出的，故它们的投入产出数值就构成相应的投入产出向量。所有被评价决策单元的投入产出向量就构成一个参考集[127]。假设有 n 个被评价决策单元，

各自有 m 种投入、s 种产出，它们各自的投入向量和产出向量表示为：

$$X_j=(x_{1j},\ x_{2j},\ \cdots,\ x_{mj}),\ Y_j=(y_{1j},\ y_{2j},\ \cdots,\ y_{sj}),\ j=1,\ 2,\ \cdots,\ n$$

则参考集为：

$$C=\{(X_1,\ Y_1),\ (X_2,\ Y_2),\ \cdots,\ (X_n,\ Y_N)\}$$

生产可能集（所有可能的生产活动构成的集合）是在参考集的基础上，依据一定的生产公理得出的。DEA 第一个模型——CCR 模型所构造的生产可能集是依据以下公理体系求得的[128,129]。

（1）平凡性公理

$$(x_j,\ y_j)\in T,\ j=1,\ 2,\ \cdots,\ n$$

平凡性公理表明参考集里的任意生产活动（x_j，y_j）都在生产可能集里，意味着现实中观察到的被评价决策单元的生产活动，理所当然在生产可能集内。

（2）凸性公理

对任意的（x，y）$\in T$ 和（$\bar{x}$，$\bar{y}$）$\in T$，以及任意的 $\lambda\in[0,\ 1]$ 均有：

$$\lambda(x,\ y)+(1-\lambda)(\bar{x},\bar{y})=(\lambda x+(1-\lambda)\bar{x},\ \lambda y+(1-\lambda)\bar{y})\in T$$

即如果分别以 x 和 $\bar{x}$ 的 λ 和 $1-\lambda$ 比例之和输入，那么分别可以产生以 y 和 $\bar{y}$ 的相同比例之和的输出。

（3）锥性公理

对任意的（x，y）$\in T$ 及数 $k\geqslant 0$ 均有：

$$k(x,\ y)=(kx,\ ky)\in T$$

即生产是规模报酬不变的，以原有投入量的一定倍数进行投入，就会得到原有产出相同倍数的产出。

（4）无效性公理（经济学界也称为自由处置性公理）

①对任意的（x，y）$\in T$ 且 $\hat{x}\geqslant x$ 均有（$\hat{x}$，y）$\in T$；

②对任意的（x，y）$\in T$ 且 $\hat{y}\leqslant y$ 均有（x，$\hat{y}$）$\in T$。

这表明在原有生产活动的基础上增加投入或减少产出（即进行无效的生产）总是可能的。

（5）最小性公理

生产可能集 T 是满足公理（1）~（4）的所有集合的交集，据此我们可以得到满足以上 5 个公理的生产可能集 T：

$$T = \left\{(x, y) \middle| \sum_{j=1}^{n} x_j\lambda_j \leqslant x, \sum_{j=1}^{n} y_j\lambda_j \geqslant y, \lambda_j \geqslant 0, j = 1, 2, \cdots, n\right\}$$

2.1.4 DEA 基本模型

在参考集的基础上，再依据一定的生产公理，就会得出生产可能集，生产可能集的边界就是生产前沿面，代表着最优的生产集合，即既定的投入产出最大化、既定的产出投入最小化。由于不同的 DEA 模型（CCR 模型、BCC 模型等）所依据的生产公理不同，相应地，所确定的生产前沿面也有差异，后文会有详细论述。生产前沿面确定后，被评价决策单元到前沿面的距离作为它们非有效程度的考量。如果决策单元在生产前沿面上，即为 DEA 有效；如果在前沿面的包络区内，即为无效点。

（1）CCR 模型

CCR 模型作为 DEA 的第一个模型，是由 Charnes 等[1] 于 1978 年首次提出的。它的基本原理就是，依据观察到的被评价决策单元的投入产出集合（参考集），再依据上文中介绍的平凡性公理、凸性公理、锥性公理、无效性公理和最小性公理，构造出生产可能集，由此得出生产前沿面。决策单元到生产前沿面的距离可以度量它们的非有效程度。由锥性公理可知，CCR 模型假设生产活动不受规模报酬的影响，即规模报酬不变，因此 CCR 模型也被称为规模报酬不变模型（Constant Returns to Scale，CRS）。

投入导向下，CCR 模型的数学规划方程为：

$$\max \theta_{kk} = \frac{\sum_{r=1}^{s} u_r y_{rk}}{\sum_{i=1}^{m} v_i x_{ik}}$$

$$\text{s.t. } \theta_{jk} = \frac{\sum_{r=1}^{s} u_r y_{rj}}{\sum_{i=1}^{m} v_i x_{ij}} \leqslant 1,\ j=1,\ 2,\ \cdots,\ n$$

$$u_r \geqslant 0,\ r=1,\ 2,\ \cdots,\ s$$

$$v_i \geqslant 0,\ i=1,\ 2,\ \cdots,\ m \qquad (2\text{-}3)$$

其中，$x_{ik}(i=1, 2, \cdots, m)$ 和 $y_{rk}(r=1, 2, \cdots, s)$ 表示 DMU_k 的投入产出值，$x_{ij}(i=1, 2, \cdots, m; j=1, 2, \cdots, n)$ 和 $y_{rj}(r=1, 2, \cdots, s; j=1, 2, \cdots, n)$ 表示 $DMU_j(j=1, 2, \cdots, n)$ 的投入产出值，$v_i(i=1, 2, \cdots, m)$ 和 $u_r(r=1, 2, \cdots, s)$ 表示投入和产出指标的权重，$DMU_k \in \{DMU_1, DMU_2, \cdots, DMU_n\}$。

经过线性变换，可以转换为如下的线性规划：

$$\max \sum_{r=1}^{s} u_r y_{rk}$$

$$\text{s.t. } \sum_{i=1}^{m} v_i x_{ik} = 1$$

$$\sum_{r=1}^{s} u_r y_{rj} - \sum_{i=1}^{m} v_i x_{ij} \leqslant 0,\ j=1,\ 2,\ \cdots,\ n$$

$$u_r,\ v_i \geqslant 0,\ r=1,\ 2,\ \cdots,\ s;\ i=1,\ 2,\ \cdots,\ m \qquad (2\text{-}4)$$

相应地，对偶模型如模型（2-5）所示，假设 θ^* 为上述模型的目标函数最优解，$1-\theta^*$ 表示在当前最佳技术水平下，被评价决策单元 DMU_k 在不减少自身产出水平下，其各项投入可以等比例缩减的最大程度。θ^* 越小，被评价决策单元 DMU_k 的效率越低。当 $\theta^*=1$ 时意味着被评价 DMU_k 在生产前沿面上，在保持其产出水平不变时，其各项投入已经无法等比例缩减了；$\theta^*<1$ 说明 DMU_k 处在包络区内，为技术无效点，其在不减少自身产出水平下，其各项投入还有等比例缩减的空间，最大空间为 $1-\theta^*$。

$$\min \theta$$

$$\text{s.t. } \sum_{j=1}^{n} \lambda_j x_{ij} \leqslant \theta x_{ik}$$

$$\sum_{j=1}^{n} \lambda_j y_{rj} \geqslant y_{rk}$$

$$\lambda \geqslant 0$$

$$i = 1, 2, \cdots, m; \ r = 1, 2, \cdots, s; \ j = 1, 2, \cdots, n \tag{2-5}$$

模型（2-4）中，投入产出指标的权重系数与投入产出数据之间是乘数关系，故该模型常被称为 DEA 的乘数形式（Multiplier Form）。由对偶模型（2-5）所确定的生产前沿面的形式为形似包络，故该模型被称为 DEA 的包络形式（Envelopment Form）[130]。

CCR 对偶模型（2-5）是在不减少产出水平下，以决策单元各项投入可以等比例缩减的最大限度来衡量决策单元的效率，故模型也被称为投入导向 CCR 模型。

产出导向下，CCR 模型的规划方程为：

$$\min \sum_{i=1}^{m} v_i x_{ik}$$

$$\text{s. t.} \sum_{i=1}^{m} u_r y_{rk} = 1$$

$$\sum_{r=1}^{s} u_r y_{rj} - \sum_{i=1}^{m} v_i x_{ij} \leqslant 0, \ j = 1, 2, \cdots, n$$

$$u_r, \ v_i \geqslant 0, \ r = 1, 2, \cdots, s; \ i = 1, 2, \cdots, m \tag{2-6}$$

其对偶模型为：

$$\max \varphi$$

$$\text{s. t.} \sum_{j=1}^{n} \lambda_j x_{ij} \leqslant x_{ik}$$

$$\sum_{j=1}^{n} \lambda_j y_{rj} \geqslant \varphi y_{rk}$$

$$\lambda \geqslant 0$$

$$i = 1, 2, \cdots, m; \ r = 1, 2, \cdots, s; \ j = 1, 2, \cdots, n \tag{2-7}$$

对偶模型（2-7）是在不增加决策单元各项投入水平前提下，以决策单元各项产出可以等比例增长的最大比例来衡量决策单元的效率，故该模型也被称为产出导向 CCR 模型。

假设 φ^* 为上述模型的目标函数解，则可表示为在当前技术水平下，在保持

被评价决策单元 DMU_k 的各项投入既定的前提下，其各项产出可以等比例扩张的最大限度为 φ^*-1。φ^* 越大，效率值越低，故效率值用 $1/\varphi^*$ 来表示。

在单投入、单产出生产模式下，投入导向和产出导向下的 CCR 模型如图 2-1 所示。假设有三个决策单元，它们的投入产出数据如表 2-1 所示。

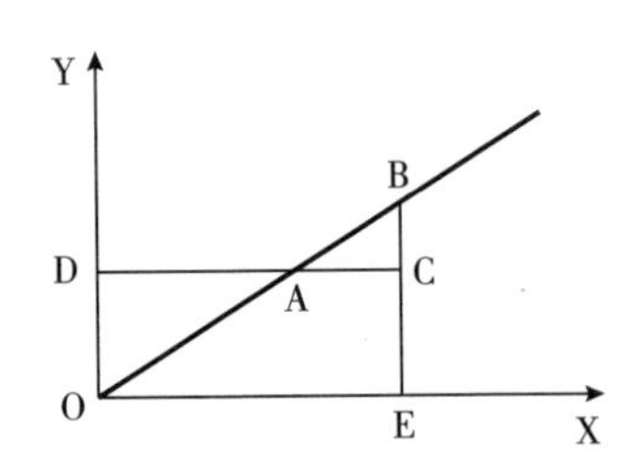

图 2-1　单投入、单产出下 CCR 模型示意图

资料来源：作者绘制。

表 2-1　投入产出数据

DMU	X	Y
A	1	1
B	1.5	1.5
C	1.5	1

由图 2-1 可知，CCR 模型依据决策单元 A、B、C 的投入产出数据构造的生产前沿面为 OA 射线，射线 OA 与 X 轴构造的区域为生产可能集，决策单元 A、B 在生产前沿面上，相应的 CCR 效率值为 1。决策单元 C 在包络区内，为无效点。在投入径向下，其效率值表示为 DA/DC。决策单元 A 为决策单元 C 在投入径向下的投影点，决策单元 C 在不降低其产出水平下，投入可以缩减的最大限度为 AC/DC（1-DA/DC）。产出径向下，决策单元 C 的效率值表示为 EC/EB，由于 EC/EB 等于 DA/DC，故投入导向 CCR 模型和产出导向 CCR 模型对决策单元效率值的测量是一致的。产出径向下，决策单元 B 为决策单元 C 的投影点，其在保持

投入不变时，产出可以增长的最大限度为 BC/EC（EB/EC-1）。

（2）BCC 模型

CCR 模型假设决策单元的生产不受规模报酬的影响，假设生产活动为规模报酬不变模式，但是实际的生产活动较多表现为规模报酬可变，所以由 CCR 模型计算得出的技术效率包含了规模效率的成分。1984 年，Banker、Charnes 和 Cooper[131] 进一步拓展了 CCR 模型，提出了可以估计决策单元规模效率的 DEA 模型。这一模型极大地丰富了 DEA 理论，此模型常被后人称为 BCC 模型（以三位作者的姓氏首字母命名），以表彰此三人对 DEA 的贡献。BCC 模型下 DMUs 的生产活动是规模报酬可变的，由此计算得出的技术效率中不包含规模效率成分，因此被称为"纯技术效率"。此模型也同时被称为规模报酬可变（Variable Returns to Scale，VRS）模型。BCC 模型在构造生产可能集时，放弃了 CCR 模型中的锥性公理，由此得出的前沿面与 CCR 模型会有差异。

投入导向下 BCC 模型规划式如模型（2-8）所示。简单地从形式上来看，与 CCR 模型相比，BCC 模型仅是在模型的约束条件中多了个自由变动变量 u_0。对偶规划式如模型（2-9）所示，表示被评价决策单元 DMU_k 在维持其产出既定时，其各项投入可以等比例缩减的最大比例，故模型（2-9）被称为投入导向下的 BCC 模型。如果 DMU_k 依据此模型求得的目标函数值等于 1，说明其处在生产前沿面上，如果小于 1，则处在包络区内。

$$\max \sum_{r=1}^{s} u_r y_{rk} - u_0$$

$$\text{s. t.} \sum_{i=1}^{m} v_i x_{ik} = 1$$

$$\sum_{r=1}^{s} u_r y_{rj} - \sum_{i=1}^{m} v_i x_{ij} - u_0 \leqslant 0,\ j = 1,\ 2,\ \cdots,\ n$$

$$u_r,\ v_i \geqslant 0,\ u_0\, free,\ r = 1,\ 2,\ \cdots,\ s;\ i = 1,\ 2,\ \cdots,\ m \qquad (2-8)$$

$$\min \theta$$

$$\text{s. t.} \sum_{j=1}^{n} \lambda_j x_{ij} \leqslant \theta x_{ik}$$

$$\sum_{j=1}^{n} \lambda_j y_{rj} \geqslant y_{rk}$$

$$\sum_{j=1}^{n} \lambda_j = 1$$

$$\lambda \geqslant 0$$

$$i=1, 2, \cdots, m; \ r=1, 2, \cdots, s; \ j=1, 2, \cdots, n \tag{2-9}$$

产出导向下 BCC 模型规划式为：

$$\min \sum_{i=1}^{m} v_i x_{ik} + v_0$$

$$\text{s. t.} \sum_{i=1}^{m} u_r y_{rk} = 1$$

$$\sum_{r=1}^{s} u_r y_{rj} - \sum_{i=1}^{m} v_i x_{ij} - v_0 \leqslant 0, \ j=1, 2, \cdots, n$$

$$u_r, \ v_i \geqslant 0, \ v_0 \text{ is free}, \ r=1, 2, \cdots, s; \ i=1, 2, \cdots, m \tag{2-10}$$

其对偶规划式为：

$$\max \varphi$$

$$\text{s. t.} \sum_{j=1}^{n} \lambda_j x_{ij} \leqslant x_{ik}$$

$$\sum_{j=1}^{n} \lambda_j y_{rj} \geqslant \varphi y_{rk}$$

$$\sum_{j=1}^{n} \lambda_j = 1$$

$$\lambda \geqslant 0$$

$$i=1, 2, \cdots, m; \ r=1, 2, \cdots, s; \ j=1, 2, \cdots, n \tag{2-11}$$

模型（2-11）表示被评价决策单元在维持其投入既定时，其各项产出可以等比例扩张的最大幅度，故模型（2-11）被称为产出导向下的 BCC 模型。

下面以一个示例来直观地展示投入导向下 BCC 模型的计算原理。假设有四个 DMU，生产活动为单投入、单产出，相应的数据如表 2-2 所示。依据 BCC 投入导向下模型，得出的前沿面如图 2-2 所示。

表 2-2 投入导向 BCC 模型示例数据

DMU	X	Y
A	1.00	1.00
B	1.50	2.00
C	3.50	2.50
D	4.00	3.00

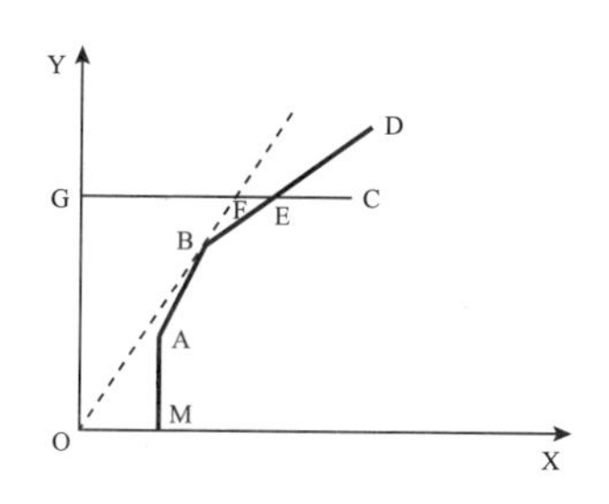

图 2-2 投入导向 BCC 模型基本原理示意图

资料来源：作者绘制。

在 CCR 模型下生产前沿面为 OB 射线，决策单元 B 是唯一有效的，即 CCR 模型下的计算结果。考虑规模报酬可变，依据投入导向 BCC 模型，生产前沿面为 MABD 曲线。在 BCC 模型下，决策单元 A、B、D 均为有效点，只有决策单元 C 为无效点，其效率值表示为 GE/GC，投入无效率体现为 CE（距离生产前沿面的距离）；而在 CCR 模型中其效率值表示为 GF/GC，投入无效率体现为 CF。

下面再以图示的方式来直观地展示产出导向 BCC 模型的计算原理。同样以表 2-2 的数据为例，CCR 模型下投入导向和产出导向得到的生产前沿面一致，均为 OB 射线。但是在 BCC 模型中，产出导向与投入导向下得出的生产前沿面有差异，产出导向 BCC 模型下得到的生产前沿面为 ABD 及 D 点平行于 X 轴的延长线（见图 2-3）。无效点 C 在产出导向下效率值表示为 GC/GE，无效率体现为 CE；在 CCR 模型下，效率值为 GC/GF，无效率体现为 CF。

如果决策单元的生产技术水平是规模报酬可变的，则需使用 BCC 模型来计算决策单元的效率值，除此之外，依据 BCC 模型我们可以分离出 DMU 的规模效率。此时，由 CCR 模型求解得出的 DMU 效率值并非它们的“纯技术效率值”，因为此效率值中含有规模效率成分。依据 BCC 模型求解得出的效率值才为它们的“纯技术效率值”，据此我们可以依据 CCR 效率值和 BCC 效率值，分离出 DMU 的规模效率值（Scale Efficiency，SE），计算方法为 SE=TE/PTE。

在图 2-2 中，投入导向下 DMU_c 的规模效率值为 GF/GE，无效率体现为 EF；而在图 2-3 中，产出导向下的规模效率值为 GE/GF，无效率体现为 EF。

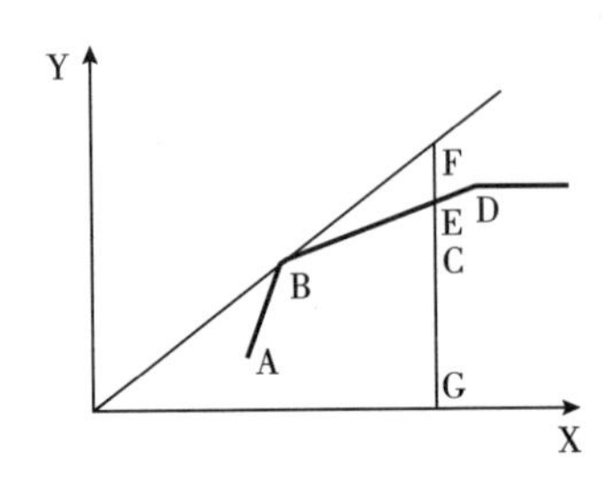

图 2-3 产出导向 BCC 模型基本原理示意图

资料来源：作者绘制。

（3）FDH 模型

FDH（Free Disposal Hull）模型是由 Tulkens 在 1993 年提出的。模型为混合整数线性规划（Mixed Integer Linear Programming，MILP）。从规划式上看，FDH 模型在 BCC 模型的基础上，对线性组合系数 λ 作进一步限定和约束，仅可取 0 或 1，即 $\lambda \in \{0, 1\}$。FDH 模型本质上是在构造生产可能集时，在 BCC 模型的基础上进一步舍弃了凸性公理，具体表现为在生产可能集中投入和产出的可自由处置性。

FDH 模型规划式如模型（2-12）所示，由于模型中约束 $\lambda \in \{0, 1\}$，其所构造的生产前沿面如图 2-4 所示。在图 2-4 中，虚线为 BCC 模型所构造的前沿面，实线为 FDH 前沿。由于 FDH 模型在构造生产前沿面时舍弃了凸性公理，所以生产可能集中不包含决策单元之间的连线部分。

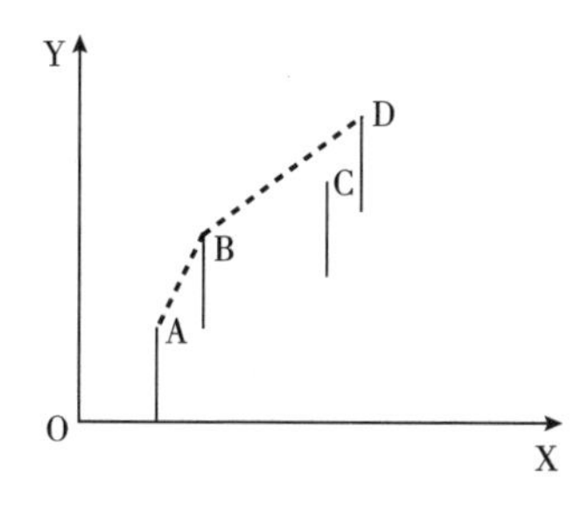

图 2-4 FDH 模型基本原理示意图（投入导向）

资料来源：作者绘制。

以投入为导向，FDH 模型表示为：

$$\min \theta$$

$$\text{s. t.} \sum_{j=1}^{n} \lambda_j x_{ij} \leqslant \theta x_{ik}$$

$$\sum_{j=1}^{n} \lambda_j y_{rj} \geqslant y_{rk}$$

$$\sum_{j=1}^{n} \lambda_j = 1$$

$$\lambda \in \{0, 1\}$$

$$i = 1, 2, \cdots, m; \; r = 1, 2, \cdots, s; \; j = 1, 2, \cdots, n \tag{2-12}$$

从图 2-4 中可以看出，FDH 模型所构造的生产可能集是 BCC 模型所构造生产可能集的子集。在 FDH 模型中，被评价 DMU 的参考标杆只有一个，并且其线性组合的系数 $\lambda = 1$。在 FDH 模型下，被评价 DMU 仅参考实际存在的 DMU，并不参考由决策单元构造的虚拟决策单元。

以上介绍了三个 DEA 基本模型，分别为 CCR 模型、BCC 模型及 FDH 模型，其中最为常用的是 CCR 模型及 BCC 模型。它们最本质的区别是，在构建生产可能集时所依据的生产基本公理不同。CCR 模型所依据的公理是平凡性公理、凸性公理、锥性公理、无效性公理及最小性公理，最显著的特征是假设生产服从规模报酬不变，所以 CCR 模型又被称为 CRS（Constant Returns to Scale）DEA 模型。BCC 模型舍弃了 CCR 模型中的锥性公理，显著的特点是假设规模报酬可变，所以 BCC 模型又被称为 VRS（Variable Returns to Scale）DEA 模型。FDH 模型又进一步舍弃了 BCC 模型中的凸性公理，最显著的特点体现在投入和产出的可自由处置性上。在依据特定的决策单元所构造的生产可能集存在如下关系：FDH 模型构造的生产可能集是 BCC 模型的子集，BCC 模型构造的生产可能集又是 CCR 模型的子集。

2.1.5 决策单元（DMU）数量和模型导向的选择

（1）DEA 模型对 DMU 数量的要求

DEA 是对决策单元效率进行度量的一种非参数方法，对决策单元的数量不作特殊要求。但是，在实际度量实践中，如果决策单元数量过少，就会出现 DEA 模型对决策单元区分不足的问题，即多个决策单元被评价为有效，效率值均值为 1，无法进一步区分排序。为了充分排序决策单元，就要对决策单元的数量作一定的要求，一般要求 DMU 的数量不应小于投入和产出指标数量的乘积，同时也不应小于它们数量之后的 3 倍[132]，即 $n \geqslant \max\{m \times q, 3 \times (m+q)\}$。在实际应用中，被评价决策单元往往是事先选定的，它们的数量是既定的，这时我们只能减少投入产出指标的数量，此时往往会删减一些高度相关的投入产出指标，来使决策单元更好地区分排序。

（2）模型导向的选择

DEA 分别从投入视角和产出视角对决策单元的效率展开度量。投入导向 DEA 模型是从要素投入的角度对决策单元的效率进行衡量，产出导向 DEA 模型是从产品和服务产出的角度对决策单元的效率进行衡量。

具体而言，投入导向 DEA 模型是以被评价决策单元的各项产出水平既定为前提，其各项投入可以等比例缩减的最大幅度来测度被评价决策单元的无效率程度。产出导向 DEA 模型是以被评价决策单元各项投入既定为前提，其各项产出可以等比例增加的最大幅度来衡量其的无效率程度。

我们在使用 DEA 模型时，选择何种模型要视分析问题而定。如果我们仅仅是获取决策单元的效率值，以上两种导向的模型均可选择。如果在此基础上，还需要作进一步的效率分析，就需要有针对性地选择某一种导向模型：如果在进行效率分析时，受制于一些客观条件，我们需要从投入的视角来提升非有效决策单元的效率水平，这时我们就需要选择投入导向的 DEA 模型来对决策单元的效率进行测度；如果需要从产出的视角来提升非有效决策单元的效率水平，这时就需要选择产出导向的 DEA 模型来测度决策单元的效率水平。例如，在卫生资源投入不足的大背景下，使用投入导向 DEA 模型来测度医疗机构的效率时，得出的结果就会产生歧义，不便于理解，因为在投入导向下，非有效决策单元需要减少自己的投入；同样地，在需求不足时，使用产出导向模型进行效率测度，也是不合时宜的[133]。

2.1.6 DEA 有效性及比例改进与松弛改进

（1）强有效、弱有效与松弛变量问题

DEA 模型中之所以会存在松弛变量问题，究其根源是 DEA 模型中的约束条件是以非线性规划式表述的，相较于等式约束，其约束性不足[130]。

可以用生活中的一个例子来直观地理解 DEA 模型中的松弛变量问题。假设现在我们手中有多条长短不一的绳子，绳子的一端固定在同一个位置，此时我们向外拉绳子。当拉不动时，说明最短的绳子已经拉紧。但是，此时其他较长的绳子还没被拉紧，还是松的。如果此时松开最短的那条绳子，其他绳子还可以继续拉动，每条较长的绳子继续拉动的距离，就是各个指标的松弛变量值。

还可以从 DEA 模型构造的生产可能集来理解松弛变量。DEA 模型所构造的生产前沿面是分段函数，当分段函数出现与坐标轴平行的状况，就会产生松弛变量。

当决策单元是多投入、多产出情形时，无论使用 CCR 模型还是 BCC 模型来对它们的效率进行测度时都会出现松弛变量问题。图 2-5 显示了两项投入和一项产出的投入导向 CCR 模型，其中存在松弛变量的问题。D 点在前沿面上的投影点是 E 点，E 点处在与坐标值平行的前沿面上，存在松弛变量问题，其单位产出的投入 X1/Y 存在的松弛为 EB。

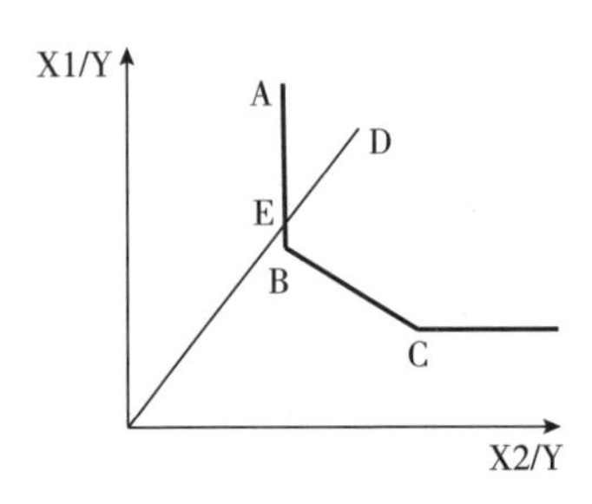

图 2-5　两投入、一产出情况下 CCR 模型中的松弛问题示意图

资料来源：作者绘制。

在使用 DEA 模型时，如若 DMU 数量过少，此时所构造的生产前沿面较粗糙，易出现与坐标轴平行的情况，此时松弛变量问题就出现了。

求解松弛变量值可以有多种方法。以投入导向的 CCR 模型为例，计算模型如模型（2-13）所示。

$$\min \theta$$

$$\text{s.t.} \quad \sum_{j=1}^{n} \lambda_j x_{ij} + s^- = \theta x_{ik}$$

$$\sum_{j=1}^{n} \lambda_j y_{rj} - s^+ = y_{rk}$$

$$\sum_{j=1}^{n} \lambda_j = 1$$

$$\lambda \geqslant 0$$

$$s^- \geqslant 0,\ s^+ \geqslant 0$$

$$i = 1,\ 2,\ \cdots,\ m;\ r = 1,\ 2,\ \cdots,\ s;\ j = 1,\ 2,\ \cdots,\ n \tag{2-13}$$

依据此模型，我们可以得出决策单元的效率状态，决策单元的效率状态可以分为以下几种情况：

第一种情况为强有效。处在与坐标轴非平行的生产前沿面上的点，都是强有效的。此时，保持产出既定，任何一项投入都没法减少，除非增加另外一种投

入；在投入既定时，任何一项产出都无法增加，除非减少一种产出。这种生产状态是一种帕累托（Pareto）最优状态。在导向 DEA 模型中，判断是否强有效的标准是 $\theta^*=1$，并且 s^{-*} 和 s^{+*} 均为 0。

第二种情况为弱有效。处在与坐标轴平行的生产前沿面上的点，均是弱有效点。它们虽无法等比例缩减投入，或等比例扩张产出，但是某一项或几项投入还可以继续缩减，或某一项或几项产出还可以继续增加。在导向 DEA 模型中，判断是否弱有效的标准是 $\theta^*=1$，且 s^{-*} 和 s^{+*} 不全为 0。

第三种情况为无效。处在生产前沿面包络区域内的点，均为无效点。它们在产出既定时，各项投入可以等比例减少；在投入既定时，各项产出可以等比例增加。判断是否无效的标准为 $\theta^*<1$。

判定决策单元 j_0 是否为弱有效时，也可以考虑下面的规划式，即模型（2-14）。决策单元 j_0 为弱 DEA 有效的充分必要条件是线性规划式（2-14）的最优解为 0。

$$
\begin{gathered}
\max z \\
\text{s. t. } \sum_{j=1}^{n} x_j \lambda_j + s^- = x_0 \\
\sum_{j=1}^{n} y_j \lambda_j - s^+ = y_0 \\
\bar{e} z \leqslant s^- \\
e z \leqslant s^+ \\
s^- \geqslant 0,\ s^+ \geqslant 0,\ \lambda_j \geqslant 0,\ j=1,\ 2,\ \cdots,\ n \\
\bar{e}^T = (1,\ 1,\ \cdots,\ 1) \in E^m \\
e^T = (1,\ 1,\ \cdots,\ 1) \in E^s
\end{gathered}
\tag{2-14}
$$

（2）DEA 有效性与 Pareto 最优之间的关系

从经济学中的 Pareto 视角来理解 DEA 有效性问题，探讨 DEA 有效性与 Pareto 最优之间的关系，一方面可以揭示 DEA 有效性与多目标规划之间的关系，另一方面也使 DEA 和微观经济学中的 Pareto 理论产生了联系。

一个理想的决策单元应该可以以较少的投入产出较多的产出。用多目标决策来描述，令

$$f_1(x,\ y)=x_1$$
$$f_2(x,\ y)=x_2$$
$$\vdots$$
$$f_m(x,\ y)=x_m$$
$$f_{m+1}(x,\ y)=-y_1$$
$$f_{m+2}(x,\ y)=-y_2$$
$$\vdots$$
$$f_{m+s}(x,\ y)=-y_s$$

共 $m+s$ 个目标，每个目标都希望越小越好，其中，

$$x=(x_1,\ x_2,\ \cdots,\ x_m)^T$$
$$y=(y_1,\ y_2,\ \cdots,\ y_s)^T$$

为方便，记：

$$F(x,\ y)=(f_1(x,\ y),\ f_2(x,\ y),\ \cdots,\ f_{m+s}(x,\ y))$$

$$T=\left\{(x,\ y)\ \middle|\ \sum_{j=1}^{n}x_j\lambda_j\leqslant x,\ \sum_{j=1}^{n}y_j\lambda_j\geqslant y,\ \lambda_j\geqslant 0,\ j=1,\ 2,\ \cdots,\ n\right\}$$

这样，可以得到多目标规划问题：

$$\min(f_1(x,\ y),\ f_2(x,\ y),\ \cdots,\ f_{m+s}(x,\ y))$$
$$\text{s. t. } (x,\ y)\in T$$

有如下定义：

定义 1　设（x_0，y_0）$\in T$，若不存在$(x,\ y)\in T$，使

$$F(x,\ y)<F(x_0,\ y_0)$$

则称（x_0，y_0）为多目标规划的弱 Pareto 有效解。

定义 2　设（x_0，y_0）$\in T$，若不存在（x，y）$\in T$，使

$$F(x,\ y)\leqslant F(x_0,\ y_0)$$

则称（x_0，y_0）为多目标规划的 Pareto 有效解。

多目标规划问题有如下结论：

定理 1 若（x_0，y_0）是多目标规划问题的 Pareto 有效解，则决策单元 j_0 为 DEA 有效。

证明：（反证法）假设决策单元 j_0 不为 DEA 有效，则由线性规划式（2-13）得到 s^-，s^+，$\lambda_j(j=1, 2, \cdots, n)$，使

$$x_0=\sum_{j=1}^{n}x_j\lambda_j+s^-,\ y_0=\sum_{j=1}^{n}y_j\lambda_j-s^+$$

并且（s^-，s^+）$\neq 0$，即

$$\left(\sum_{j=1}^{n}x_jy_j,\ -\sum_{j=1}^{n}y_j\lambda_j\right)\leqslant(x_0,\ -y_0)$$

由于

$$\left(\sum_{j=1}^{n}x_jy_j,\ \sum_{j=1}^{n}y_j\lambda_j\right)\in T$$

因此，由定义 2 可知，（x_0，y_0）不是多目标规划问题的 Pareto 有效解。这与已知条件矛盾，故假设不成立。证毕。

定理 2 若决策单元 j_0 为 DEA 有效，则它所对应的（x_0，y_0）是多目标规划问题的 Pareto 有效解。

证明：（反证法）假设（x_0，y_0）不是多目标规划问题的 Pareto 有效解，则存在（x，y）$\in T$，使

$$F(x,\ y)\leqslant F(x_0,\ y_0)$$

成立，即

$$(x,\ -y)\leqslant(x_0,\ -y_0)$$

由于

$$(x,\ y)\in T$$

故存在 $\lambda_j\geqslant 0(j=1, 2, \cdots, n)$，使

$$\sum_{j=1}^{n}x_j\lambda_j\leqslant x,\ \sum_{j=1}^{n}y_j\lambda_j\geqslant y$$

因此有

$$\left(\sum_{j=1}^{n} x_j\lambda_j,\quad -\sum_{j=1}^{n} y_j\lambda_j\right) \leqslant (x_0,\quad -y_0)$$

令

$$s^- = x_0 - \sum_{j=1}^{n} x_j\lambda_j$$

$$s^+ = -y_0 + \sum_{j=1}^{n} y_j\lambda_j$$

显然，$\lambda_j(j=1,\ 2,\ \cdots,\ n)$，$s^-$，$s^+$，是线性规划（2-13）的一个可行解，并且（$s^-$，$s^+$）$\geqslant 0$。由此可知决策单元 j_0 不为 DEA 有效。这与已知条件矛盾，故假设不成立。证毕。

定理 3 若（x_0，y_0）是目标规划问题的弱 Pareto 有效解，则决策单元 j_0 为 DEA 弱有效。

证明：（反证法）假设决策单元 j_0 不为 DEA 弱有效，则线性规划式（2-14）的最优值不为 0，故存在线性规划式（2-14）的最优解 $\lambda_j(j=1,\ 2,\ \cdots,\ n)$，$s^-$，$s^+$，$z$，使

$$\sum_{j=1}^{n} x_j\lambda_j + s^- = x_0$$

$$\sum_{j=1}^{n} y_j\lambda_j - s^+ = y_0$$

$$\bar{e}z \leqslant s^-$$

$$ez \leqslant s^+$$

并且 $z\neq 0$，即

$$\left(\sum_{j=1}^{n} x_j\lambda_j,\quad -\sum_{j=1}^{n} y_j\lambda_j\right) < (x_0,\quad -y_0)$$

由于

$$\left(\sum_{j=1}^{n} x_j\lambda_j,\ \sum_{j=1}^{n} y_j\lambda_j\right) \in T$$

因此，由定义 1 可知，（x_0，y_0）不是多目标规划问题的弱 Pareto 有效解。这与已知条件矛盾，故假设不成立。证毕。

定理 4 决策单元 j_0 为 DEA 弱有效，则它所对应的投入产出向量（x_0，y_0）是多目标规划问题的弱 Pareto 有效解。

证明：（反证法）假设（x_0，y_0）不是多目标规划问题的弱 Pareto 有效解，则存在（x，y）$\in T$，使

$$F(x,\ y)<F(x_0,\ y_0)$$

成立，即

$$(x,\ -y)<(x_0,\ -y_0)$$

由于（x，y）$\in T$，故存在 $\lambda_j \geqslant 0(j=1,\ 2,\ \cdots,\ n)$，使

$$\sum_{j=1}^{n} x_j\lambda_j \leqslant x,\quad \sum_{j=1}^{n} y_j\lambda_j \geqslant y$$

即得

$$\left(\sum_{j=1}^{n} x_j\lambda_j,\quad -\sum_{j=1}^{n} y_j\lambda_j\right) < (x_0,\quad -y_0)$$

令

$$s^- = x_0 - \sum_{j=1}^{n} x_j\lambda_j$$

$$s^+ = -y_0 + \sum_{j=1}^{n} y_j\lambda_j$$

$$z = \min\{s_1^-,\ s_2^-,\ \cdots,\ s_m^-,\ s_1^+,\ s_2^+,\ \cdots,\ s_s^+\}$$

显然有

$$\bar{e}z \leqslant s^-$$

$$ez \leqslant s^+$$

$$z>0$$

可以验证 z，s^-，s^+，$\lambda_j \geqslant 0(j=1,\ 2,\ \cdots,\ n)$ 是线性规划式（2-14）的一个可行解，故线性规划式（2-14）的最优值不为 0。因此，决策单元 j_0 不为 DEA 弱有效。这与假设条件相矛盾，故假设不成立。证毕。

（3）比例改进与松弛改进

弱有效点要想变为强有效点，则需要对自己的原始投入产出值进行改进，改

进完成后的投入产出值为目标值，即目标值=原始值+改进值。

无效决策单元的改进包含两部分，一是比例改进部分（Proportionate Movement），二是松弛改进部分（Slack Movement），即目标值=原始值+比例改进值+松弛改进值。

如果无效决策单元完成比例改进的点为弱有效点，此时只有进一步完成松弛改进，才能达到强有效。

以图 2-5 为例，D 为无效 DMU。当完成比例改进后，由 D 点转移到生产前沿面上的 E 点，由于 E 点是弱有效点，存在松弛变量问题，所以 D 点要想转变为强有效点，还需进一步完成松弛改进。如图 2-5 所示，继续完成松弛改进后由 E 点转移到 B 点，B 点为强有效点。

2.2 DEA 交叉效率模型

2.2.1 DEA 交叉效率模型的提出及计算原理

DEA 传统模型（CCR 模型、BCC 模型等）虽然具有很好的鉴别生产前沿面的能力，但是它们在对 DMUs 进行效率度量时，会把决策单元简单地分为两类：一类为有效决策单元，它们的效率值均为 1，彼此之间无法进一步区分排序；另一类为非有效决策单元，它们的效率值小于 1。

为了克服 DEA 传统模型的这一不足，并进一步区分有效决策单元，许多学者在拓展 DEA 传统模型的基础上，提出了一些新的 DEA 模型，如 DEA 公共权重模型、DEA 超效率模型等。在众多 DEA 排序模型中，DEA 交叉效率模型最为常用。与 DEA 传统模型自评式评价模式不同，它依据“自评+他评”的方式对决策单元进行效率评估和排序。

假设我们要对 n 个同质决策单元进行效率评估，它们均有 m 个投入、s 个产出。$DMU_j(j=1,2,\cdots,n)$ 的投入产出数值表示为 $x_{ij}(i=1,2,\cdots,m)$ 和 $y_{rj}(r=1,2,\cdots,s)$。依据投入产出比，它的效率值为 $\theta_j=\sum_{r=1}^{s}u_r y_{rj}\Big/\sum_{i=1}^{m}v_i x_{ij}$，$j=1,2,\cdots,n$，$v_i(i=1,2,\cdots,m)$ 和 $u_r(r=1,2,\cdots,s)$ 分别表述为投入和产出指标的权重。依据模型（2-3）可以求得决策单元 $DMU_k\in\{DMU_1,DMU_2,\cdots,DMU_n\}$ 的 CCR 效率值。

从模型（2-3）不难看出，CCR 模型就是在满足使所有决策单元的效率值不大于 1 的权重体系中，选择出对自己最为有利的权重体系，依据最为有利的权重体系求解出自己的 CCR 效率值。据此，我们可以认为，CCR 模型本质上是一个“自利”效率评价模型，由 CCR 模型求解得出的权重体系对被评价决策单元有利。假设 $u_{rk}^*(r=1,2,\cdots,s)$ 和 $v_{ik}^*(i=1,2,\cdots,m)$ 是以上模型的最优权重解，则 $\theta_{kk}^*=\sum_{r=1}^{s}u_{rk}^* y_{rk}\Big/\sum_{i=1}^{m}v_{ik}^* x_{ik}$ 为决策单元 DMU_k 的 CCR 效率值。用 $\theta_{jk}=\sum_{r=1}^{s}u_{rk}^* y_{rj}\Big/\sum_{i=1}^{m}v_{ik}^* x_{ij}$ 表示 $DMU_j(j=1,2,\cdots,n;\ j\neq k)$ 在 DMU_k 的自利权重体系下的交叉效率值。

以上 CCR 模型分别求解 n 次，我们可以得到 n 组权重体系，它们分别为各自被评价决策单元的自利权重，在 n 组权重体系下每个决策单元拥有 n 个效率值，它们包含一个“自评”效率值和 $n-1$ 个“他评”效率值；使用一定的集结方法（如采用简单数学平均方法），每个决策单元会得出一个平均交叉效率值，即最终的 DEA 交叉效率值。依据最终的平均交叉效率值，决策单元可以进行充分的排序，这就解决了 DEA 传统模型对决策单元排序、区分不足的问题。鉴于 DEA 交叉效率模型在排序上的良好性能，它被广泛地应用到对养老院的绩效评估[134]、工程排序[135]、对奥运会参赛国绩效评估[136]、资源分配[137]、证券资产投资组合[138]、供应商的选择上[139] 等[140-142]。

2.2.2 DEA 交叉效率非唯一性问题

虽然 DEA 交叉效率模型可以很好地对决策单元（DMUs）进行区分排序，但是要想使用它，首先需要解决两大问题，其中之一就是交叉效率非唯一性问题。由于每个决策单元在 DEA 传统模型（如 CCR 模型）中的最优权重解可能是不唯一的，这就会导致其他决策单元基于某一特定决策单元最优权重解的交叉效率不唯一，这种情况的出现严重损害了 DEA 交叉效率模型的使用。如何帮助 DMU 在自己众多的最优权重体系中，选择出唯一的一组最优权重体系，成为使用 DEA 交叉效率模型的关键所在。为了解决这一问题，Sexton 等[24] 提出了构建第二目标函数模型的想法，基于此，大量的第二目标函数模型被提出。其中，DEA 交叉效率敌对和友善模型是最为常用的，它们的选择策略是“在自己众多的自利权重体系中，选择一组对其他决策单元最为不利（有利）的权重体系”。它们的模型如下：

$$
\begin{aligned}
&\min \sum_{r=1}^{s} u_{rk}\left(\sum_{j=1,\ j\neq k}^{n} y_{rj}\right)\\
&\text{s. t. } \sum_{i=1}^{m} v_{ik}\left(\sum_{j=1,\ j\neq k}^{n} x_{ij}\right)=1\\
&\sum_{r=1}^{s} u_{rk}y_{rk}-\theta_{kk}^{*}\sum_{i=1}^{m} v_{ik}x_{ik}=0\\
&\sum_{r=1}^{s} u_{rk}y_{rj}-\sum_{i=1}^{m} v_{ik}x_{ij}\leqslant 0,\ j=1,\ 2,\ \cdots,\ n;\ j\neq k\\
&u_{rk}\geqslant 0,\ r=1,\ 2,\ \cdots,\ s\\
&v_{ik}\geqslant 0,\ i=1,\ 2,\ \cdots,\ m
\end{aligned}
\tag{2-15}
$$

$$
\begin{aligned}
&\max \sum_{r=1}^{s} u_{rk}\left(\sum_{j=1,\ j\neq k}^{n} y_{rj}\right)\\
&\text{s. t. } \sum_{i=1}^{m} v_{ik}\left(\sum_{j=1,\ j\neq k}^{n} x_{ij}\right)=1\\
&\sum_{r=1}^{s} u_{rk}y_{rk}-\theta_{kk}^{*}\sum_{i=1}^{m} v_{ik}x_{ik}=0\\
&\sum_{r=1}^{s} u_{rk}y_{rj}-\sum_{i=1}^{m} v_{ik}x_{ij}\leqslant 0,\ j=1,\ 2,\ \cdots,\ n;\ j\neq k\\
&u_{rk}\geqslant 0,\ r=1,\ 2,\ \cdots,\ s\\
&v_{ik}\geqslant 0,\ i=1,\ 2,\ \cdots,\ m
\end{aligned}
\tag{2-16}
$$

2.2.3 DEA 交叉效率集聚问题

在得出交叉效率矩阵之后，接下来面临的是如何集聚交叉效率的问题。目前用于集聚交叉效率的方法可以分为等权集聚和非等权集聚两类。等权集聚就是给每个交叉效率分配相等的权重，最终得出每个决策单元的平均交叉效率值（见表2-3），据此对决策单元进行排序。除此之外，还有一类方法是对它们进行区别对待，给予它们不同的权重，此类方法有有序加权平均算子方法（OWA）等，最终得出每个决策单元加权平均交叉效率值（见表2-4）。

表 2-3 DEA 交叉效率矩阵及平均交叉效率值

DMU	目标 DMU				平均交叉效率值（ACE）
	1	2	…	n	
1	θ_{11}	θ_{12}	…	θ_{1n}	$\frac{1}{n}\sum_{k=1}^{n}\theta_{1k}$
2	θ_{21}	θ_{22}	…	θ_{2n}	$\frac{1}{n}\sum_{k=1}^{n}\theta_{2k}$
⋮	⋮	⋮	⋮	⋮	⋮
n	θ_{n1}	θ_{n2}	…	θ_{nn}	$\frac{1}{n}\sum_{k=1}^{n}\theta_{nk}$

表 2-4 DEA 交叉效率矩阵及加权平均交叉效率值

DMU	目标 DMU				加权平均交叉效率值（WACE）
	1	2	…	n	
1	θ_{11}	θ_{12}	…	θ_{1n}	$\sum_{k=1}^{n}w_k\theta_{1k}$
2	θ_{21}	θ_{22}	…	θ_{2n}	$\sum_{k=1}^{n}w_k\theta_{2k}$
⋮	⋮	⋮	⋮	⋮	⋮
n	θ_{n1}	θ_{n2}	…	θ_{nn}	$\sum_{k=1}^{n}w_k\theta_{nk}$

2.3 主成分分析方法

在进行系统评价时，被评价对象下的众多指标之间多是相关的，这就给系统评价造成一定的困难，在进行系统评价之前需把它们转化为不相关的指标，主成分分析方法就是一种有效处理此类问题的方法。

主成分分析方法是一个常用的系统评价方法，它的计算原理为把众多相关的指标转化为不相关的指标，这些不相关的指标被称为主成分。依据方差的大小，把它们分为第一、二等主成分，方差越大的主成分包含的系统信息越多。主成分分类后，依据反映系统信息的要求如80%（所选择的主成分方差之和与总方差之比），或主成分的方法是否大于1，来确定主成分的个数；再把每个主成分的方差在总方差所占的比重（方差贡献率）作为它们各自的权重，至此我们可以对评价对象进行综合评价。

2.3.1 主成分分析方法的原理

设有 n 个被评价对象，用两个指标 x_1^0 和 x_2^0 来描述它们，这样 n 个被评价对象就分布在二维坐标系内。由于不同指标之间的量纲不一致，造成它们之间不可比，为此需对指标的原始数据进行标准化处理。例如，第 k 个被评价对象在两个指标上的原始数据为 x_{1k}^0 和 x_{2k}^0，经过标准化处理后，数据变为：

$$x_{ik}=\frac{x_{ik}^0-\bar{x}_i}{\sigma_i},\ i=1,\ 2;\ k=1,\ 2,\ \cdots,\ n$$

其中，

$$\bar{x}_i=\frac{1}{n}\sum_{k=1}^{n}x_{ik}^0,\ \sigma_i^2=\frac{1}{n-1}\sum_{k=1}^{n}(x_{ik}^0-\bar{x}_i)^2$$

标准化以后的参数有以下性质：

$$\sum_{k=1}^{n} x_{ik} = 0$$

$$\sum_{k=1}^{n} x_{ik}^{2}/(n-1) = 1$$

标准化后的数据具有相同的量纲，且它们的均值为0，方差为1。100个被评价对象在二维坐标系 x_1、x_2 上的列示如图2-6所示。图2-6清楚地显示它们在两个坐标系上的分布较为分散，说明两个变量的方差均较大。现将图2-6所示的坐标轴顺时针旋转 θ 角度，原坐标系变换为 y_1、y_2，则有：

$$Y=\begin{bmatrix} y_1 \\ y_2 \end{bmatrix}=\begin{bmatrix} \cos\theta & \sin\theta \\ -\sin\theta & \cos\theta \end{bmatrix}\begin{bmatrix} x_1 \\ x_2 \end{bmatrix}=A^{T}X$$

X、Y 分别表示100个被评价对象在新旧坐标系上的数据。

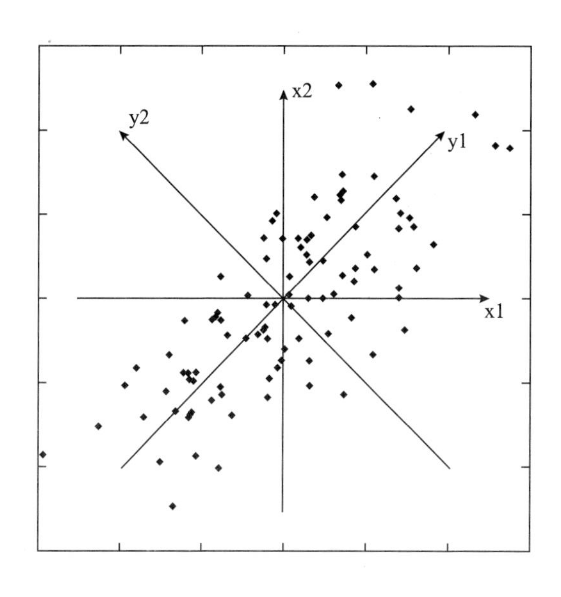

图2-6　100个数据变量分布

资料来源：作者绘制。

新坐标系 y_1、y_2 是正交的，n 个被评价对象在 y_1 轴上分布较为分散，在 y_2

轴上分布较为紧密。因此，二维空间的样本点用 y_1 表示较为适宜，所丢掉的信息较少。可将 y_1 轴作为第一主成分轴；y_2 和 y_1 正交，且方差较小，可作为第二主成分轴。如果 y_2 轴上的方差为 0，即全部被评价对象都落在 y_1 轴上，则仅用 y_1 轴就能表述所有的被评价对象。

在进行系统评价时，指标的选择均是多维的。每个被评价对象均可用多维坐标系（x_1，x_2，…，x_p）来表示。为把它们转化为互不相关的主成分，故将坐标轴进行转换，转换后的坐标轴相互正交，新坐标系用 y_1，y_2，…，y_p 来表示。被评价对象在新旧坐标系上的数据具有下述关系：

$$y_1 = l_{11}x_1 + l_{12}x_2 + \cdots + l_{1p}x_p$$

$$y_2 = l_{21}x_1 + l_{22}x_2 + \cdots + l_{2p}x_p$$

$$\vdots$$

$$y_p = l_{p1}x_1 + l_{p2}x_2 + \cdots + l_{pp}x_p$$

其矩阵表示形式为：

$$Y = LX$$

式中，L 为正交变换矩阵。

转换后的 y 坐标系是一个正交坐标系，意味着被评价对象在不同坐标轴上的数据之间的协方差为 0，互不相关，方差最大的变量为第一主成分。

2.3.2 主成分的导出

假定 x 中的数据已进行标准化处理，假设有 n 个被评价对象，则 x 矩阵为：

$$x = \begin{bmatrix} x_{11} & x_{12} & \cdots & x_{1n} \\ x_{21} & x_{22} & \cdots & x_{2n} \\ \vdots & \vdots & \ddots & \vdots \\ x_{p1} & x_{p2} & \cdots & x_{pn} \end{bmatrix}$$

定义指标之间的相关矩阵为 R，则

$$R=\frac{1}{n-1}xx'=\begin{bmatrix} r_{11} & r_{12} & \cdots & r_{1n} \\ r_{21} & r_{22} & \cdots & r_{2n} \\ \vdots & \vdots & \ddots & \vdots \\ r_{p1} & r_{p2} & \cdots & r_{pp} \end{bmatrix}$$

其中，R 矩阵中的元素 r_{ij} 与指标的方差和指标之间的协方差有关，即

$$r_{ij}=\frac{1}{n-1}\sum_{k=1}^{n}x_{ik}x_{jk}$$

基于指标的原始数据，指标的方差和指标之间的协方差表述为：

$$V_{ij}=\sum_{k=1}^{n}(x_{ik}^{0}-\bar{x}_i)(x_{jk}^{0}-\bar{x}_j)/(n-1) \quad i,\ j=1,\ 2\cdots,\ p$$

基于此，指标之间的相关系数表述为：

$$r_{ij}=V_{ij}/\sqrt{V_{ii}V_{jj}}=V_{ij}/\sigma_i\sigma_j \quad i,\ j=1,\ 2\cdots,\ p$$

相关系数矩阵 R 中对角线上的部分 $r_{ii}(i=1,\ 2\cdots p)$ 表示各个指标的方差，值均为 1 且它们的求和 $\sum_{i=1}^{p}r_{ii}$ 为 p。我们可以通过下式求得相关系数矩阵 R 的特征值：

$$\begin{vmatrix} r_{11}-\lambda & r_{12} & \cdots & r_{1p} \\ r_{21} & r_{22}-\lambda & \cdots & r_{2p} \\ \vdots & \vdots & \ddots & \vdots \\ r_{p1} & r_{p2} & \cdots & r_{pp}-\lambda \end{vmatrix}=0$$

即

$$|R-\lambda I|=0$$

求得的 p 个特征值具有以下特征：

$$\lambda_1\geqslant\lambda_2\geqslant\cdots\lambda_p\geqslant0$$

$$\lambda_1+\lambda_2+\cdots+\lambda_p=p$$

上述中的 λ_j 表示第 j 个主成分的方差。在进行主成分选择时，可以依据以下两种方式。一是使选择出的主成分方差之和与所有主成分方差之和的比重在 0.6

和0.8之间，即 $(\lambda_1+\lambda_2+\cdots+\lambda_q)/p=0.6\sim0.8$，即信息的损失程度控制在0.2和0.4之间，$\sum_{s=1}^{q}\lambda_s/p$ 为选择出的主成分的累计方差贡献率。二是选择出方差大于1的主成分。

相关系数矩阵 R 的特征向量 L 为：

$$L=\begin{bmatrix} l_{11} & l_{12} & \cdots & l_{1p} \\ l_{21} & l_{22} & \cdots & l_{2p} \\ \vdots & \vdots & \ddots & \vdots \\ l_{p1} & l_{p2} & \cdots & l_{pp} \end{bmatrix}=\begin{bmatrix} L_1 \\ L_2 \\ L_3 \\ L_4 \end{bmatrix}$$

其中，L 为一正交矩阵，其中的元素对应相应的特征值，λ_1 的特征向量为 $L_1=(l_{11}l_{12}\cdots l_{1p})$，其余依次类推。

经坐标系转换而得的主成分与原始指标之间的关系为：

$$y_1=L_1x;\ y_2=L_2x;\ \cdots;\ y_p=L_px$$

依据选择标准，选择出 $q(q\leqslant p)$ 个主成分，依据上式得出它们的特征值和特征向量。

主成分 y_j 和原始指标 x_i 的相关系数为$\sqrt{\lambda_j}\,l_{ij}$，此值称为因子负荷量 α_{ji}，它用来说明第 j 个主成分对原始变量 x_i 的贡献程度。

选择出的 q 个主成分，对原始变量 x_i 的总贡献率 θ_i 为各因子负荷量 α_{ji} 的平方和，即

$$\theta_i=\sum_{j=1}^{q}\alpha_{ji}^2=\sum_{j=1}^{q}\lambda_j l_{ji}^2$$

把各个主成分的方差贡献率 $\omega_i=\lambda_i/p$ 作为它们的权重，据此可以得到综合评价结果 f[143]。

$$f=\omega_1y_1+\omega_2y_2+\cdots+\omega_qy_q$$

2.3.3 主成分分析方法的应用步骤

应用主成分分析方法的步骤如下：

- 对原始指标数据进行标准化处理。
- 计算指标之间的相关矩阵 R。
- 计算相关矩阵 R 的特征值和特征向量。
- 选择主成分。
- 确定主成分和原有变量之间的关系式。
- 确定综合评价函数。
- 给出最终评价结果。

2.4 本章小结

本章介绍了数据包络分析（DEA）涉及的基本概念、模型，以及主成分分析（PCA）方法的计算原理；着重综述了 DEA 基本模型（CCR 模型、BCC 模型）的计算原理、模型得出的效率值的含义；分析了 DEA 交叉效率模型与 DEA 传统模型的差异及其计算原理，并提出了使用该模型要解决的两大难题，为后续的研究做好铺垫。

3　交叉效率非唯一性问题

3.1　问题描述

在 DEA 传统模型中（如 CCR 模型、BCC 模型），每个决策单元使用“自评”评价模式进行效率评估，即每个决策单元各自采用对自己最为有利的权重体系进行效率评估，这就很容易导致一个问题，即很多决策单元被评价为有效，由于它们的效率值均为 1，这就导致它们的排序均为 1，无法进一步区分排序。为了对它们进一步区分排序，学者对 DEA 传统模型进行拓展，提出了 DEA 公共权重模型、DEA 超效率模型、DEA 交叉效率模型等，它们与 DEA 传统模型的显著差异表现在它们的效率评价模式上均采用非“自评”评价模式对决策单元进行效率评估。在众多对决策单元进行排序的模型中，DEA 交叉效率模型最为常用，与 DEA 传统模型不同，它采用“自评+他评”的评价模式进行效率评估。与 DEA 传统模型相比，它可以对决策单元充分地排序，给定唯一的序号[26]。但是，DEA 交叉效率模型也有其不足之处，其中一大不足是由于每个决策单元在 DEA 传统模型（如 CCR 模型）中的权重解往往是不唯一的，存在多组最佳权重解，在每组不同的权重体系下其他决策单元的交叉效率往往不同，导致它们最终的交叉效率值不唯一[114]。这一非唯一性问题，给 DEA 交叉效率模型的使用造成了极大的影响。为了得出唯一的交叉效率矩阵，就需要为每个决策单元在各自众多的

自利权重体系中选择出一组权重体系。为了解决交叉效率非唯一性问题，得出唯一的交叉效率矩阵，本书分别提出了“修缮中立模型”及“考虑决策单元原始效率值的敌对、友善和中立模型”。

3.2 解决交叉效率非唯一性问题模型的评析

为了解决决策单元在DEA传统模型（如CCR模型）中的最佳权重解非唯一性问题，Sexton等[24] 提出了构建DEA交叉效率第二目标模型的想法，基于此，大量的第二目标模型被提出，如敌对模型、友善模型、排序模型、权重平衡模型、中立模型等（前文已有详细论述）。它们的主要差异主要体现在建模思想方面，如“敌对（友善）模型”建模思想可以简单地理解为“决策单元在众多的自利权重体系下，选择出一组权重体系使对方的收益最少（最多）”。而“中立模型”在进行选择时，更加关注在决策单元众多的自利权重体系中哪一组权重体系对自身更加有利。

用于解决决策单元权重解非唯一性问题的众多第二目标模型，可以将其简单地划分为“中立模型”及非“中立模型”两大类。“中立模型”在建模时考虑的是如何在众多自利权重体系中选择出一组对自己最为有利的权重体系，而非“中立模型”在建模时考虑的则是其他方面，诸如如何使选择出的权重体系对其他决策单元更为有利等。由于“中立模型”的建模思想更加符合逻辑，所以依据非“中立模型”得出的交叉效率的合理性弱于“中立模型”得出的交叉效率。

中立模型在决策单元众多的自利权重中（CCR模型的权重解）进行选择时，认为当被评价决策单元拥有一个从自己众多的自利权重体系中进行选择的机会时，它更应该关注的是哪一组权重体系对自己最为有利，而不应该关注选择出的权重体系对其他决策单元利益的影响或者其他方面，基于此思想，Wang等[40] 提出了如下的中立模型，其规划式如下：

$$\text{Maximize } \delta = \underset{r\in\{1,\ \cdots,\ s\}}{\text{minimum}} \left\{ \frac{u_{rk}y_{rk}}{\sum_{i=1}^{m} v_{ik}x_{ik}} \right\}$$

$$\text{subject to } \theta_{kk}^{*} = \frac{\sum_{r=1}^{s} u_{rk}y_{rk}}{\sum_{i=1}^{m} v_{ik}x_{ik}}$$

$$\theta_{jk} = \frac{\sum_{r=1}^{s} u_{rk}y_{rj}}{\sum_{i=1}^{m} v_{ik}x_{ij}} \leqslant 1,\ j=1,\ 2,\ \cdots,\ n,\ j\neq k$$

$$u_{rk} \geqslant 0,\ r=1,\ 2,\ \cdots,\ s$$

$$v_{ik} \geqslant 0,\ i=1,\ 2,\ \cdots,\ m \tag{3-1}$$

依据其规划式，可以看到该“中立模型”在选择一组权重体系时，在最大化被评价决策单元 DMU_k 整体效率值的同时，使被评价决策单元 DMU_k 的每个产出效率值都尽可能有效[40]。Wang 等[40]提出的“中立模型”不仅可以规避决策者在“敌对模型”与“友善模型”中难以选择的难题，而且由于“中立模型”在进行权重选择时，仅从被评价决策单元自身的角度考虑，只考量哪一组权重体系对自己本身最为有利，这一建模思想相较于其他非“中立模型”更加合理，由此得出的交叉效率值也会更加合理[40]。但是依据模型（3-1）选择出的权重体系不完全符合“中立模型”的思想，距离实现被评价决策单元 DMU_k 利益最大化的目标还有一定的差距，这是因为约束条件中的 θ_{kk}^{*} 是一个常数，依据上述模型无法选择出一组权重体系，使被评价决策单元 DMU_k 的各个产出效率值都优于它们在其他组自利权重体系下的数值。举例说明，假设被评价决策单元 DMU_k 为 DEA 有效，即 θ_{kk}^{*} 等于 1，再假设其有两组自利权重体系，即其最优的 CCR 效率值对应两组权重解，DMU_k 的生产活动产出两种不同的产出 y_1 和 y_2，第一组自利权重体系下 $u_{1k}y_{1k}/\sum_{i=1}^{m} v_{ik}x_{ik}$（第一项产出效率值）和 $u_{2k}y_{2k}/\sum_{i=1}^{m} v_{ik}x_{ik}$（第二项产出效率值）分别等于 1/2 和 1/2，第二组自利权重体系下两者的数值分别为 1/3 和

2/3。依据式（3-1）可以得出，“中立模型”会选择第一组自利权重体系（1/2>1/3），但是在第一组自利权重体系中，只是第一项产出效率值大于第二组，不能保证两个产出效率值都优于第二组自利权重体系。

鉴于DEA交叉效率第二目标模型的不足，本书在Wang等[40]提出的“中立模型”的基础上，提出了一个“修缮中立模型”用于解决决策单元在DEA传统模型中权重解非唯一性问题，与Wang等[40]提出的“中立模型”尽可能使被评价决策单元的各个产出效率值有效的建模思想不同，本书提出的“修缮中立模型”在保证被评价决策单元整体效率值最佳的前提下，最大化其加权综合效率值。

同时，由于新构建的“修缮中立模型”以及现有用于解决交叉效率非唯一性问题的DEA交叉效率第二目标模型，均是基于决策单元标准化效率值的角度进行权重选择的，忽视了从决策单元原始效率值的维度进行权重选择，在现实的效率评价中，决策单元同样关注自身的原始效率值以及考虑决策单元标准化效率值的敌对、友善和中立模型，选择出的权重体系中含有大量的“零权重”，为了克服这些不足，本书继续构建了“考虑决策单元原始效率值的敌对、友善和中立模型”，用于解决交叉效率非唯一性问题。

3.3 修缮中立模型

为了克服现有DEA交叉效率第二目标模型的不足，本文对Wang等[40]提出的“中立模型”进行了进一步完善，提出了“修缮中立模型”。与“中立模型”使每个产出效率值都尽可能有效不同，本书提出的模型给每个产出效率值设置一定的权重，最大化被评价决策单元的加权综合效率值。在构建“修缮中立模型”时，核心工作是要确定被评价决策单元各个产出效率值的权重及目标函数。

3.3.1 被评价决策单元（DMU_k）各个产出效率值权重的确定

Wang 等[40] 提出的“中立模型”，具体的建模思想是在被评价决策单元众多的自利权重体系进行选择时，选择出一组权重体系使被评价决策单元的各个产出效率值都尽可能有效，目标函数具体表述为 $\text{Maximize } \delta = \underset{r \in \{1, \cdots, s\}}{\text{minimum}} \left\{ \frac{u_{rk} y_{rk}}{\sum_{i=1}^{m} v_{ik} x_{ik}} \right\}$，其中 $\frac{u_{rk} y_{rk}}{\sum_{i=1}^{m} v_{ik} x_{ik}}$，$r = 1, 2, \cdots, s$，$i = 1, 2, \cdots, m$，表示被评价决策单元 DMU_k 的各个产出效率值。

但是，该模型选择出的权重体系无法做到使各个产出效率值都优于其他权重体系，这是因为在模型的约束条件中存在 $\theta_{kk}^{*} = \frac{\sum_{r=1}^{s} u_{rk} y_{rk}}{\sum_{i=1}^{m} v_{ik} x_{ik}}$ 这一约束条件。该约束条件表述为被评价决策单元 DMU_k 的各个产出效率值之和是一个定值，被评价决策单元 DMU_k 下的众多自利权重体系只能保证被评价决策单元 DMU_k 的某个产出效率值优于其他，而无法保证全部的产出效率值都优于其他。故该“中立模型”选择出的权重体系不完全符合“中立模型”的建模思想，即被评价决策单元在从自己众多的自利权重体系进行选择时，更应该关注哪组权重体系对自己更为有利，与实现被评价决策单元利益最大化还具有一定的差距。

从以上分析可知，被评价决策单元下的任何一组自利权重体系都无法保证使被评价决策单元的各个产出效率值都优于其他自利权重体系，所以本书从另外一个角度重新构建一个中立模型，该中立模型给被评价决策单元的各个产出效率值 $\frac{u_{rk} y_{rk}}{\sum_{i=1}^{m} v_{ik} x_{ik}}$，$r = 1, 2, \cdots, s$，$i = 1, 2, \cdots, m$，设定一定的权重，最大化其加权

综合效率值。由于在 DEA 模型中，DMU_k 各个产出指标的权重设置为 u_{rk}，$r=1, 2, \cdots, s$，$k \in \{1, 2, \cdots, n\}$，$u_{rk}/\sum_{r=1}^{s} u_{rk}$，$r=1, 2, \cdots, s$，可以表示为各个产出指标的重要程度，以此作为各个产出效率值的权重。

3.3.2　目标函数的确定及其含义

被评价决策单元 DMU_k 各个产出效率值的权重确定后，我们就可以得出被评价决策单元（DMU_k）的加权综合产出效率值 $\frac{1}{\sum_{r=1}^{s} u_{rk}}\left[\frac{\sum_{r=1}^{s} u_{rk}^2 y_{rk}}{\sum_{i=1}^{m} v_{ik} x_{ik}}\right]$。“修缮中立模型”关注的是如何在被评价决策单元（$DMU_k$）众多的自利权重体系中，选择出一组能最大化其加权综合产出效率值的权重体系。该模型选择的权重体系不仅可以使被评价决策单元（DMU_k）的整体效率值处在最优水平上，还可以最大化其加权综合产出效率值。

3.3.3　修缮中立模型的确定

$$\text{Maximize } \frac{1}{\sum_{r=1}^{s} u_{rk}}\left[\frac{\sum_{r=1}^{s} u_{rk}^2 y_{rk}}{\sum_{i=1}^{m} v_{ik} x_{ik}}\right]$$

$$\text{subject to } \theta_{kk}^* = \frac{\sum_{r=1}^{s} u_{rk} y_{rk}}{\sum_{i=1}^{m} v_{ik} x_{ik}}$$

$$\theta_{jk} = \frac{\sum_{r=1}^{s} u_{rk} y_{rj}}{\sum_{i=1}^{m} v_{ik} x_{ij}} \leqslant 1, \ j=1, 2, \cdots, n, \ j \neq k$$

$$u_{rk} \geqslant 0,\ r = 1,\ 2,\ \cdots,\ s$$

$$v_{ik} \geqslant 0,\ i = 1,\ 2,\ \cdots,\ m \qquad (3-2)$$

据此可以得出“修缮中立模型”的表达式，如式（3-2）所示。其中 θ_{kk}^{*} 为 $DMU_k \in \{DMU_1,\ DMU_2,\ \cdots,\ DMU_n\}$ 的 CCR 效率值，$x_{ik}(i=1,\ 2,\ \cdots,\ m)$ 和 $y_{rk}(r=1,\ 2,\ \cdots,\ s)$ 为 DMU_k 的投入产出值，$x_{ij}(i=1,\ 2,\ \cdots,\ m;\ j=1,\ 2,\ \cdots,\ n)$，$y_{rj}(r=1,\ 2,\ \cdots,\ s;\ j=1,\ 2,\ \cdots,\ n)$ 表示 $DMU_j(j=1,\ 2,\ \cdots,\ n)$ 的投入产出值，$v_{ik}(i=1,\ 2,\ \cdots,\ m)$ 和 $u_{rk}(r=1,\ 2,\ \cdots,\ s)$ 表示投入和产出指标的权重。由模型的目标函数可知该模型遵循的是“中立模型”的建模思路，即当一个决策单元在自己众多的自利权重体系中进行选择时，更应该关注的是哪一组权重体系对自身最为有利，而不应该把焦点放在其他决策单元的利益上。

3.3.4 算例分析

本部分用两个算例说明提出的“修缮中立模型”在交叉效率评估中的潜在应用，以及提出的模型相较于 Wang 等[40] 提出的“中立模型”对被评价决策单元更为有利，更符合“中立模型”的思想。

算例 1：七个学院的效率评估[144]。以七个学院的科研教学活动为例，其消耗三项投入、产出三项成果。具体的投入指标为教职工的数量、教职工的薪资、行政人员的薪资，产出指标为培养的本科生、研究生数量以及发表的科研论文数量。它们的投入产出数据以及相应的 CCR 效率值列于表 3-1。如表 3-1 所示，依据 CCR 模型它们中的六个为 DEA 有效点，相应的 CCR 效率值均为 1，排序号均为 1，无法进一步区分排序。为了进一步区分和排序它们，我们使用了 DEA 交叉效率模型，表 3-2 和表 3-3 分别列示了敌对和友善模型对它们的排序结果，很清晰地显示了它们的排序结果出现了差异，在“敌对模型”下 DMU_1 最为有效，但是在“友善模型”下，它仅仅排在第三的位置，这就造成了决策者在两者之间难以取舍的难题。为了规避这一难题，Wang 等[40] 提出了“中立模型”，表 3-4 中显示了“中立模型”对它们的排序结果，在“中立模型”下，决策单

元 1（DMU_1）排在第二位。

表 3-1 七个学院的投入产出数据及它们的 CCR 效率值

DMU	投入			产出			CCR 值
	x_1	x_2	x_3	y_1	y_2	y_3	
1	12	400	20	60	35	17	1
2	19	750	70	139	41	40	1
3	42	1500	70	225	68	75	1
4	15	600	100	90	12	17	0. 8197
5	45	2000	250	253	145	130	1
6	19	730	50	132	45	45	1
7	41	2350	600	305	159	97	1

资料来源：作者计算所得。

表 3-2 七个学院的敌对交叉效率矩阵及排序结果

DMU	目标 DMU							均值	排序
	1	2	3	4	5	6	7		
1	1. 0000	0. 8452	0. 9333	0. 6878	1. 0000	0. 9333	0. 7521	0. 8788	1
2	0. 3347	1. 0000	0. 6178	1. 0000	0. 7017	0. 8426	0. 5564	0. 7219	4
3	0. 5551	0. 8481	1. 0000	0. 7351	0. 5551	1. 0000	0. 4175	0. 7301	3
4	0. 0686	0. 7551	0. 2800	0. 8197	0. 2417	0. 4413	0. 2063	0. 4018	7
5	0. 3314	0. 6620	0. 3148	0. 7646	1. 0000	0. 4778	0. 8309	0. 6259	5
6	0. 5143	1. 0000	0. 8213	0. 9507	0. 7915	1. 0000	0. 6107	0. 8126	2
7	0. 1514	0. 6044	0. 1581	0. 9985	0. 9854	0. 2783	1. 0000	0. 5966	6

资料来源：作者计算所得。

表 3-3 七个学院的友善交叉效率矩阵及排序结果

DMU	目标 DMU							均值	排序
	1	2	3	4	5	6	7		
1	1. 0000	0. 9219	1. 0000	0. 6878	1. 0000	1. 0000	1. 0000	0. 9442	3
2	0. 9812	1. 0000	0. 8510	1. 0000	0. 8461	0. 9812	0. 9812	0. 9486	2
3	0. 7690	0. 7719	1. 0000	0. 7351	0. 6651	0. 769	0. 769	0. 7827	6

续表

DMU	目标 DMU							均值	排序
	1	2	3	4	5	6	7		
4	0.6411	0.7013	0.4542	0.8197	0.4135	0.6411	0.6411	0.6160	7
5	0.9382	0.8990	0.4950	0.7646	1.0000	0.9382	0.9382	0.8534	5
6	1.0000	1.0000	1.0000	0.9507	0.9104	1.0000	1.0000	0.9801	1
7	1.0000	1.0000	0.2941	0.9985	1.0000	1.0000	1.0000	0.8992	4

资料来源：作者计算所得。

表 3-4 七个学院的中立交叉效率矩阵及排序结果

DMU	目标 DMU							均值	排序
	1	2	3	4	5	6	7		
1	1.0000	0.9219	1.0000	0.6878	1.0000	1.0000	0.9444	0.9362	2
2	0.9302	1.0000	0.6166	1.0000	0.8461	0.9538	0.9718	0.9026	3
3	0.7590	0.7719	1.0000	0.7351	0.6651	0.7491	0.7544	0.7763	6
4	0.6143	0.7013	0.2680	0.8197	0.4135	0.5409	0.5966	0.5649	7
5	0.8360	0.8990	0.3365	0.7646	1.0000	0.9960	0.9584	0.8272	5
6	0.9550	1.0000	0.8294	0.9507	0.9104	1.0000	1.0000	0.9493	1
7	0.8193	1.0000	0.1670	0.9985	1.0000	1.0000	1.0000	0.8552	4

资料来源：作者计算所得。

鉴于 Wang 等[40] 提出的“中立模型”的不足之处，本书构建了一个“修缮中立模型”，它对决策单元效率的评估结果如表 3-5 所示，排序结果和上述模型之间出现了差异，在新构建的模型下 DMU_6 排名最优。

表 3-5 依据“修缮中立模型”计算出的交叉效率矩阵及排序结果

DMU	目标 DMU							均值	排序
	1	2	3	4	5	6	7		
1	1.0000	0.8204	0.9570	0.6878	0.7430	0.8862	0.7981	0.8418	2
2	0.5468	1.0000	0.8115	1.0000	0.8574	0.9265	0.6077	0.8214	3
3	0.5730	0.8246	1.0000	0.7351	0.8154	0.9089	0.4609	0.7597	4
4	0.1595	0.7657	0.4206	0.8197	0.4365	0.5812	0.2433	0.4895	7

续表

DMU	目标 DMU							均值	排序
	1	2	3	4	5	6	7		
5	0. 6354	0. 6873	0. 4564	0. 7646	1. 0000	0. 5673	0. 8662	0. 7110	5
6	0. 6923	0. 9914	0. 9738	0. 9507	0. 9974	1. 0000	0. 6640	0. 8957	1
7	0. 3836	0. 6606	0. 2605	0. 9985	0. 6146	0. 4023	1. 0000	0. 6172	6

资料来源：作者计算所得。

运用虚假有效指数（False Positive Index，FPI）可以衡量各个决策单元的交叉效率值与 CCR 效率值的差异，计算公式为：

$$FPI_k = \frac{\theta_{kk}^* - \left(\frac{1}{n}\sum_{j=1}^{n}\theta_{kj}\right)}{\left(\frac{1}{n}\sum_{j=1}^{n}\theta_{kj}\right)} \times 100\%, \ k = 1, \ 2, \ \cdots, \ n$$

计算结果如表 3-6 所示，结果显示六个有效决策单元的 FPI 值均很小，揭示了它们的交叉效率值与它们的 CCR 值之间差异较小；非有效决策单元（DMU_4）的 FPI 值较大，揭示了它的两个效率值之间差异较大。

表 3-6 七个学院的 FPI 值

DMU	FPI 值（%）			
	敌对模型	友善模型	中立模型	修缮中立
1	**13. 79**	5. 91	6. 81	18. 79
2	38. 52	5. 41	10. 79	21. 74
3	36. 96	27. 76	28. 81	31. 63
4	104. 01	33. 07	45. 11	67. 46
5	59. 76	17. 18	20. 88	40. 65
6	23. 06	**2. 03**	**5. 34**	**11. 64**
7	67. 62	11. 21	16. 94	62. 02

为了进一步说明 Wang 等[40]提出的“中立模型”和本书提出的“修缮中立

模型”对决策单元效率评估的差异，表 3-7 和表 3-8 分别列示了两者所选择的用于计算交叉效率的权重体系。据此可以得出 DMU_1 基于 Wang 等[40] 提出的“中立模型”所选择的权重体系计算得出的各个产出效率值，分别为 0.34、0.33、0.33，而基于“修缮中立模型”得出的三个产出效率值分别为 0、0.94、0.06，Wang 等[40] 提出的“中立模型”只是保证了 DMU_1 的第一项及第三项产出效率值优于“修缮中立模型”，无法保证被评价决策单元 DMU_1 的所有产出效率值均优于“修缮中立模型”；对其他决策单元同样如此。Wang 等[40] 提出的“中立模型”选择出的权重体系不完全符合“中立模型”的建模思想，与实现被评价决策单元利益最大化的目标还有一定的差距。本书提出的“修缮中立模型”可以在保证决策单元整体效率最优的同时，使其加权综合效率值最优，更加符合“中立模型”的建模思想，对被评价决策单元也更为有利。“修缮中立模型”下 DMU_1 的加权综合产出效率值为 0.83，在 Wang 等[40] 提出的“中立模型”下其值等于 0.33，很显然“修缮中立模型”选择的权重体系对 DMU_1 更加有利。

表 3-7 “中立模型”选择的用于计算交叉效率的权重体系

DMUs	x_1	x_2	x_3	y_1	y_2	y_3
1	0	0.0017	0.0162	0.0056	0.0095	0.0196
2	0.0371	0.0004	0	0.0053	0.0032	0.0033
3	0	0	0.0143	0.0008	0.0026	0.0085
4	0.0054	5.3E-06	0	0.0008	0	0
5	0.0108	0.0003	0	0.0013	0.0023	0.0026
6	0	0.0014	0	0.0025	0.0074	0.0074
7	0.0174	0.0001	0	0.0011	0.0021	0.0034

资料来源：作者计算所得。

表 3-8 “修缮中立模型”选择的用于计算交叉效率的权重体系

DMUs	x_1	x_2	x_3	y_1	y_2	y_3
1	0.9542	0.1680	1.4251	0	2.8726	0.3893

续表

DMUs	x_1	x_2	x_3	y_1	y_2	y_3
2	3.0092	0.4179	0.3707	2.8112	0.0971	0.0453
3	1.5600	0.0865	3.2137	1.8385	0.0372	0.0547
4	0.0054	5.3E-06	0	0.0008	0	0
5	1.3306	0.3079	0.3241	0.1246	0.3665	5.1694
6	7.4000	0.9900	7.4435	9.3594	0	0
7	4.3417	0.0055	0.0135	0.0264	1.1900	0.0189

资料来源：作者计算所得。

算例 2：14 个航空公司的效率评估[145]。以 14 个航空公司为例，它们的投入指标为飞机运输量（以吨公里为单位）、运营成本及不直接用于飞行的资产（如乘客预订系统等），产出指标为乘客飞行距离（与乘客收入密切相关）、非乘客收入。

它们的投入产出数据及 CCR 效率值如表 3-9 所示。依据 CCR 模型，它们中的 7 个为 DEA 有效点，相应的 CCR 效率值均为 1，致使它们无法进一步区分排序。DEA 交叉效率模型可以进一步区分和排序它们。

表 3-9　14 个航空公司的投入产出数据及 CCR 值

DMUs	投入			产出		CCR 值
	x_1	x_2	x_3	y_1	y_2	
1	5723	3239	2003	26677	697	0.8684
2	5895	4225	4557	3081	539	0.3379
3	24099	9560	6267	124055	1266	0.9475
4	13565	7499	3213	64734	1563	0.9581
5	5183	1880	783	23604	513	1.0000
6	19080	8032	3272	95011	572	0.9766
7	4603	3457	2360	22112	969	1.0000
8	12097	6779	6474	52363	2001	0.8588
9	6587	3341	3581	26504	1297	0.9477

续表

DMUs	投入			产出		CCR 值
	x_1	x_2	x_3	y_1	y_2	
10	5654	1878	1916	19277	972	1.0000
11	12559	8098	3310	41925	3398	1.0000
12	5728	2481	2254	27754	982	1.0000
13	4715	1792	2485	31332	543	1.0000
14	22793	9874	4145	122528	1404	1.0000

资料来源：作者计算所得。

表 3-10 至表 3-13 列示了基于敌对、友善、中立模型及“修缮中立模型”的评估结果，清楚地显示了敌对和友善模型的评估结果出现了差异，其中“敌对模型”把 DMU_5 评价为最有效的航空公司，友善模型把 DMU_{11} 评价为最为有效的决策单元，决策者在两者之间出现了选择难题。为了解决这一难题，Wang 等[40] 提出了“中立模型”，“中立模型”的评估结果列于表 3-12。但是该模型不完全符合“中立模型”的建模思想，为了克服其不足，本书进一步提出了一个“修缮中立模型”，评估结果列于表 3-13。虽然两者均把 DMU_{11} 评价为最为有效的决策单元，但对其他决策单元的评估结果出现了差异。表 3-14 列示了它们的 FPI 值，显示有效的决策单元的 FPI 值均不高，非有效决策单元 DMU_2 的 FPI 值最大，说明它的 CCR 值和交叉效率值之间差异较大，最有效决策单元的 FPI 值最小，在表中用加黑的数字表示。

为了进一步说明 Wang 等[40] 提出的“中立模型”和本书提出的“修缮中立模型”对决策单元效率评估的差异，表 3-15 和表 3-16 分别列示了两者所选择的用于计算交叉效率的权重体系，从中可以计算得出在两个模型所选择的权重体系中每个决策单元各个产出效率值。由于 DMU_1 及其他非有效决策单元在 CCR 模型中的权重解是唯一的，所以在 Wang 等[40] 提出的“中立模型”及“修缮中立模型”下，非有效决策单元选择的权重体系是一致的，故这里只比较有效决策单元在两个模型下的差异。Wang 等[40] 提出的“中立模型”下 DMU_5 的两个产

表 3-10　敌对模型评估结果

DMU	目标 DMU														均值	排序
	1	2	3	4	5	6	7	8	9	10	11	12	13	14		
1	0. 8684	0. 4501	0. 6225	0. 8684	0. 4418	0. 4726	0. 7679	0. 7881	0. 7031	0. 4158	0. 3390	0. 7043	0. 4711	0. 4726	0. 5990	12
2	0. 1719	0. 3379	0. 0472	0. 1719	0. 0224	0. 0247	0. 2770	0. 2724	0. 2808	0. 2465	0. 1152	0. 2789	0. 0417	0. 0247	0. 1652	14
3	0. 8826	0. 1942	0. 9475	0. 8826	0. 6567	0. 6898	0. 6468	0. 6833	0. 6225	0. 2559	0. 1968	0. 6261	0. 7422	0. 6898	0. 6226	11
4	0. 9581	0. 4259	0. 7034	0. 9581	0. 6683	0. 6973	0. 7629	0. 7850	0. 6991	0. 4027	0. 4739	0. 7016	0. 4937	0. 6973	0. 6734	7
5	0. 9653	0. 3658	1. 0000	0. 9653	1. 0000	1. 0000	0. 7011	0. 7359	0. 7778	0. 5272	0. 6382	0. 7820	0. 7181	1. 0000	0. 7983	1
6	0. 8818	0. 1108	0. 9563	0. 8818	0. 9632	0. 9766	0. 5745	0. 6084	0. 5099	0. 1376	0. 1703	0. 5141	0. 6766	0. 9766	0. 6385	9
7	0. 9211	0. 7781	0. 4773	0. 9211	0. 3108	0. 3382	1. 0000	1. 0000	0. 8395	0. 5416	0. 4000	0. 8383	0. 3658	0. 3382	0. 6478	8
8	0. 7813	0. 6114	0. 5162	0. 7813	0. 2683	0. 2924	0. 8415	0. 8588	0. 8208	0. 5703	0. 3011	0. 8194	0. 4418	0. 2924	0. 5855	13
9	0. 7855	0. 7278	0. 5076	0. 7855	0. 2455	0. 2677	0. 8881	0. 9072	0. 9477	0. 7501	0. 3528	0. 9452	0. 4537	0. 2677	0. 6309	10
10	0. 7821	0. 6354	0. 6520	0. 7821	0. 3338	0. 3564	0. 7650	0. 7944	1. 0000	1. 0000	0. 4942	1. 0000	0. 5871	0. 3564	0. 6813	6
11	1. 0000	1. 0000	0. 4287	1. 0000	0. 4202	0. 4418	1. 0000	1. 0000	1. 0000	0. 8107	1. 0000	1. 0000	0. 2961	0. 4418	0. 7742	2
12	0. 9462	0. 6336	0. 7500	0. 9462	0. 4085	0. 4395	0. 9082	0. 9395	0. 9998	0. 7647	0. 4244	1. 0000	0. 6398	0. 4395	0. 7314	5
13	1. 0000	0. 4257	1. 0000	1. 0000	0. 4183	0. 4555	0. 9511	1. 0000	1. 0000	0. 5855	0. 2129	1. 0000	1. 0000	0. 4555	0. 7503	3
14	1. 0000	0. 2277	1. 0000	1. 0000	0. 9806	1. 0000	0. 6919	0. 7275	0. 6478	0. 2747	0. 3300	0. 6521	0. 7097	1. 0000	0. 7316	4

资料来源：作者计算所得。

表 3-11　友善模型评估结果

DMU	目标 DMU														均值	排序
	1	2	3	4	5	6	7	8	9	10	11	12	13	14		
1	0. 8684	0. 4501	0. 6225	0. 8684	0. 8492	0. 4726	0. 8108	0. 7881	0. 7031	0. 7512	0. 8684	0. 7713	0. 8684	0. 8684	0. 7543	12
2	0. 1719	0. 3379	0. 0472	0. 1719	0. 1735	0. 0247	0. 2479	0. 2724	0. 2808	0. 2058	0. 1719	0. 2025	0. 1719	0. 1719	0. 1894	14
3	0. 8826	0. 1942	0. 9475	0. 8826	0. 8844	0. 6898	0. 7232	0. 6833	0. 6225	0. 7846	0. 8826	0. 8072	0. 8826	0. 8826	0. 7678	9
4	0. 9581	0. 4259	0. 7034	0. 9581	0. 9413	0. 6973	0. 8228	0. 7850	0. 6991	0. 8113	0. 9581	0. 8341	0. 9581	0. 9581	0. 8222	6
5	0. 9653	0. 3658	1. 0000	0. 9653	1. 0000	1. 0000	0. 7704	0. 7359	0. 7778	1. 0000	0. 9653	1. 0000	0. 9653	0. 9653	0. 8912	3
6	0. 8818	0. 1108	0. 9563	0. 8818	0. 8780	0. 9766	0. 6615	0. 6084	0. 5099	0. 7176	0. 8818	0. 7478	0. 8818	0. 8818	0. 7554	11
7	0. 9211	0. 7781	0. 4773	0. 9211	0. 8795	0. 3382	1. 0000	1. 0000	0. 8395	0. 7808	0. 9211	0. 8012	0. 9211	0. 9211	0. 8214	7
8	0. 7813	0. 6114	0. 5162	0. 7813	0. 7703	0. 2924	0. 8458	0. 8588	0. 8208	0. 7532	0. 7813	0. 7631	0. 7813	0. 7813	0. 7242	13
9	0. 7855	0. 7278	0. 5076	0. 7855	0. 7889	0. 2677	0. 8782	0. 9072	0. 9477	0. 8375	0. 7855	0. 8369	0. 7855	0. 7855	0. 7590	10
10	0. 7821	0. 6354	0. 6520	0. 7821	0. 8250	0. 3564	0. 7780	0. 7944	1. 0000	1. 0000	0. 7821	0. 9719	0. 7821	0. 7821	0. 7803	8
11	1. 0000	1. 0000	0. 4287	1. 0000	1. 0000	0. 4418	1. 0000	1. 0000	1. 0000	1. 0000	1. 0000	1. 0000	1. 0000	1. 0000	0. 9193	1
12	0. 9462	0. 6336	0. 7500	0. 9462	0. 9602	0. 4395	0. 9362	0. 9395	0. 9998	1. 0000	0. 9462	1. 0000	0. 9462	0. 9462	0. 8850	4
13	1. 0000	0. 4257	1. 0000	1. 0000	1. 0000	0. 4555	1. 0000	1. 0000	1. 0000	0. 9843	1. 0000	1. 0000	1. 0000	1. 0000	0. 9190	2
14	1. 0000	0. 2277	1. 0000	1. 0000	1. 0000	1. 0000	0. 7795	0. 7275	0. 6478	0. 8569	1. 0000	0. 8838	1. 0000	1. 0000	0. 8659	5

资料来源：作者计算所得。

表 3-12 中立模型评估结果

DMU	目标 DMU														均值	排序
	1	2	3	4	5	6	7	8	9	10	11	12	13	14		
1	0. 8684	0. 4501	0. 6225	0. 8684	0. 4907	0. 4726	0. 7744	0. 7881	0. 7031	0. 6603	0. 8639	0. 7533	0. 7031	0. 8492	0. 7049	11
2	0. 1719	0. 3379	0. 0472	0. 1719	0. 1027	0. 0247	0. 2716	0. 2724	0. 2808	0. 1641	0. 1723	0. 2054	0. 2808	0. 1735	0. 1912	14
3	0. 8826	0. 1942	0. 9475	0. 8826	0. 4856	0. 6898	0. 6606	0. 6833	0. 6225	0. 7894	0. 8830	0. 7871	0. 6225	0. 8844	0. 7154	10
4	0. 9581	0. 4259	0. 7034	0. 9581	0. 7093	0. 6973	0. 7704	0. 7850	0. 6991	0. 7109	0. 9542	0. 8137	0. 6991	0. 9413	0. 7733	7
5	0. 9653	0. 3658	1. 0000	0. 9653	1. 0000	1. 0000	0. 7091	0. 7359	0. 7778	1. 0000	0. 9730	1. 0000	0. 7778	1. 0000	0. 8764	2
6	0. 8818	0. 1108	0. 9563	0. 8818	0. 6162	0. 9766	0. 5895	0. 6084	0. 5099	0. 7125	0. 8809	0. 7209	0. 5099	0. 8780	0. 7024	12
7	0. 9211	0. 7781	0. 4773	0. 9211	0. 4738	0. 3382	1. 0000	1. 0000	0. 8395	0. 6340	0. 9110	0. 7829	0. 8395	0. 8795	0. 7711	8
8	0. 7813	0. 6114	0. 5162	0. 7813	0. 3741	0. 2924	0. 8434	0. 8588	0. 8208	0. 6645	0. 7787	0. 7542	0. 8208	0. 7703	0. 6906	13
9	0. 7855	0. 7278	0. 5076	0. 7855	0. 4036	0. 2677	0. 8865	0. 9072	0. 9477	0. 7504	0. 7863	0. 8374	0. 9477	0. 7889	0. 7378	9
10	0. 7821	0. 6354	0. 6520	0. 7821	0. 5587	0. 3564	0. 7632	0. 7944	1. 0000	1. 0000	0. 7918	0. 9969	1. 0000	0. 8250	0. 7813	6
11	1. 0000	1. 0000	0. 4287	1. 0000	1. 0000	0. 4418	0. 9901	1. 0000	1. 0000	0. 7970	1. 0000	1. 0000	1. 0000	1. 0000	0. 9041	1
12	0. 9462	0. 6336	0. 7500	0. 9462	0. 5418	0. 4395	0. 9115	0. 9395	0. 9998	0. 9399	0. 9494	1. 0000	0. 9998	0. 9602	0. 8541	4
13	1. 0000	0. 4257	1. 0000	1. 0000	0. 3800	0. 4555	0. 9652	1. 0000	1. 0000	1. 0000	1. 0000	0. 9860	1. 0000	1. 0000	0. 8723	3
14	1. 0000	0. 2277	1. 0000	1. 0000	0. 7507	1. 0000	0. 7058	0. 7275	0. 6478	0. 8286	1. 0000	0. 8598	0. 6478	1. 0000	0. 8140	5

资料来源：作者计算所得。

表 3-13 “修缮中立模型”评估结果

DMU	目标 DMU														均值	排序
	1	2	3	4	5	6	7	8	9	10	11	12	13	14		
1	0. 8684	0. 4501	0. 6225	0. 8684	0. 5679	0. 4726	0. 7678	0. 7881	0. 7031	0. 4802	0. 4038	0. 7410	0. 6378	0. 6859	0. 6470	12
2	0. 1719	0. 3379	0. 0472	0. 1719	0. 0392	0. 0247	0. 2770	0. 2724	0. 2808	0. 2617	0. 1652	0. 2283	0. 0681	0. 0567	0. 1716	14
3	0. 8826	0. 1942	0. 9475	0. 8826	0. 8524	0. 6898	0. 6467	0. 6833	0. 6225	0. 2824	0. 2360	0. 7328	0. 7702	0. 9292	0. 6680	10
4	0. 9581	0. 4259	0. 7034	0. 9581	0. 6961	0. 6973	0. 7628	0. 7850	0. 6991	0. 4853	0. 4815	0. 7758	0. 6584	0. 7667	0. 7038	7
5	0. 9653	0. 3658	1. 0000	0. 9653	1. 0000	1. 0000	0. 7010	0. 7359	0. 7778	0. 6071	0. 6241	0. 9096	0. 6980	0. 9360	0. 8061	2
6	0. 8818	0. 1108	0. 9563	0. 8818	0. 9533	0. 9766	0. 5744	0. 6084	0. 5099	0. 1619	0. 1664	0. 6472	0. 7355	0. 9447	0. 6506	11
7	0. 9211	0. 7781	0. 4773	0. 9211	0. 4263	0. 3382	1. 0000	1. 0000	0. 8395	0. 6298	0. 4987	0. 8086	0. 6008	0. 5686	0. 7006	8
8	0. 7813	0. 6114	0. 5162	0. 7813	0. 4245	0. 2924	0. 8414	0. 8588	0. 8208	0. 6107	0. 4150	0. 7806	0. 5936	0. 5710	0. 6356	13
9	0. 7855	0. 7278	0. 5076	0. 7855	0. 4072	0. 2677	0. 8881	0. 9072	0. 9477	0. 7770	0. 5008	0. 8748	0. 5686	0. 5488	0. 6782	9
10	0. 7821	0. 6354	0. 6520	0. 7821	0. 5345	0. 3564	0. 7649	0. 7944	1. 0000	1. 0000	0. 6815	0. 9882	0. 5333	0. 6174	0. 7230	6
11	1. 0000	1. 0000	0. 4287	1. 0000	0. 4361	0. 4418	1. 0000	1. 0000	1. 0000	0. 9951	1. 0000	0. 9961	0. 4450	0. 4948	0. 8027	3
12	0. 9462	0. 6336	0. 7500	0. 9462	0. 6267	0. 4395	0. 9082	0. 9395	0. 9998	0. 8073	0. 5716	1. 0000	0. 7125	0. 7693	0. 7893	4
13	1. 0000	0. 4257	1. 0000	1. 0000	0. 7465	0. 4555	0. 9510	1. 0000	1. 0000	0. 5540	0. 3192	0. 9993	1. 0000	1. 0000	0. 8179	1
14	1. 0000	0. 2277	1. 0000	1. 0000	0. 9924	1. 0000	0. 6919	0. 7275	0. 6478	0. 3233	0. 3277	0. 7846	0. 7895	1. 0000	0. 7509	5

资料来源：作者计算所得。

表 3-14　14 个航空公司的 FPI 值

DMU	FPI 值（%）			
	敌对模型	友善模型	中立模型	修缮中立模型
1	44.98	15.12	26.10	34.22
2	104.52	78.39	111.58	96.91
3	104.52	23.40	40.38	41.84
4	42.28	16.53	26.30	36.13
5	**25.26**	12.21	17.49	24.05
6	52.96	29.28	53.16	50.11
7	54.36	21.74	35.55	42.73
8	46.67	18.59	29.76	35.12
9	50.23	24.86	35.18	39.74
10	46.77	28.16	32.27	38.31
11	29.16	**8.78**	**14.54**	24.58
12	36.72	13.00	20.40	26.69
13	33.28	8.82	20.90	**22.26**
14	36.69	15.48	29.70	33.17

资料来源：作者计算所得。

出效率值分别为 0.5、0.5，“修缮中立模型”下两个产出效率值分别为 0.99 和 0.01，Wang 等[40] 提出的“中立模型”只是保证了 DMU_5 的第二项产出效率值优于“修缮中立模型”，无法保证两者均优于“修缮中立模型”，对其他有效决策单元同样如此，同实现被评价决策单元利益最大化还有一定的差距，同时也不完全符合“中立模型”的建模思路。本书提出的“修缮中立模型”可以在保证决策单元整体效率最优的同时，使其加权综合效率值最优，更加符合“中立模型”的建模思路，对被评价决策单元也更为有利。在 Wang 等[40] 提出的“中立模型”下，DMU_5 的加权综合效率值为 0.5，“修缮中立模型”下 DMU_5 的加权综合效率值为 0.74，很显然“修缮中立模型”选择出的权重体系对 DMU_5 更加有利，其他决策单元亦是如此。

表 3-15 “中立模型”选择的用于计算交叉效率的权重体系

DMU	x_1	x_2	x_3	y_1	y_2
1	0. 0524	0	0. 0567	0. 0103	0. 1223
2	0. 0702	0	0	0	0. 2595
3	0. 0043	0. 1120	0. 0609	0. 0119	0
4	0. 3970	0	0. 4298	0. 0778	0. 9264
5	0. 0104	0. 6473	0. 9866	0. 0433	1. 9917
6	0. 0043	0	0. 2180	0. 0082	0
7	0. 5153	0. 0001	0. 0209	0. 0548	1. 2494
8	0. 3503	0. 0353	0	0. 0392	0. 8948
9	0. 0345	0. 0743	0	0. 0053	0. 2393
10	0	0. 8853	0. 3102	0. 0533	1. 2645
11	0. 5527	0. 0388	0. 6255	0. 1112	1. 3722
12	0. 1455	0. 5004	0. 3152	0. 0502	1. 4183
13	0. 4077	0. 8776	0	0. 0626	2. 8265
14	1. 1085	0. 4215	1. 5326	0. 2521	3. 4839

资料来源：作者计算所得。

表 3-16 “修缮中立模型”选择的用于计算交叉效率的权重体系

DMU	x_1	x_2	x_3	y_1	y_2
1	0. 0524	0	0. 0567	0. 0103	0. 1223
2	0. 0702	0	0	0	0. 2595
3	0. 0043	0. 1120	0. 0609	0. 0119	0
4	0. 3970	0	0. 4298	0. 0778	0. 9264
5	0. 1065	2. 5665	4. 0608	0. 3598	0. 1250
6	0. 0043	0	0. 2180	0. 0082	0
7	2. 5524	0	0	0. 2567	6. 2661
8	0. 3503	0. 0353	0	0. 0392	0. 8948
9	0. 0345	0. 0743	0	0. 0053	0. 2393
10	0. 0233	0. 3587	0. 1076	0	1. 0407
11	0. 0169	0. 2801	0. 7973	0	1. 5068
12	1. 0439	2. 8293	1. 1762	0. 2660	8. 4188
13	7. 5619	5. 5454	0. 1924	1. 4647	0. 3280
14	0. 7183	1. 5879	1. 3851	0. 3078	0. 0556

资料来源：作者计算所得。

3.4 考虑决策单元原始效率值的 DEA 交叉效率模型

现有的用于解决 DEA 交叉效率非唯一性问题的 DEA 交叉效率第二目标模型以及本书新构建的“修缮中立模型”，均是基于决策单元标准化效率值进行权重选择的，忽视了从决策单元原始效率值的维度进行权重选择，但在现实效率评价中，决策单元同样需要关注自身的原始效率值。为了克服这一不足，本部分构建了考虑决策单元原始效率值的 DEA 交叉效率第二目标模型，以帮助决策单元在自己众多的自利权重体系中进行选择，用于解决 DEA 交叉效率的非唯一性问题。为了构建考虑决策单元原始效率值的 DEA 交叉效率第二目标模型，首先从决策单元原始效率值的维度，重新阐释 DEA 传统模型（CCR 模型）；紧接着基于敌对、友善和中立模型的建模思想，构建考虑决策单元原始效率值的第二目标模型。同时，算例对比分析显示，它们相较于考虑决策单元标准化效率值的敌对、友善和中立模型，所选择的权重体系中包含更少的极端“零权重”，由此得出的交叉效率值也会更加合理。

3.4.1 考虑决策单元原始效率值的 CCR 模型

本部分首先从决策单元原始效率值的维度，重新阐释 DEA 传统模型——CCR 模型。在 DEA 传统模型 CCR 模型［见模型（2-3）］的约束条件中，有一项对权重的约束 $\frac{\sum_{r=1}^{s} u_r y_{rj}}{\sum_{i=1}^{m} v_i x_{ij}} \leqslant 1$，$j=1, 2, \cdots, n$，即选择的投入产出指标权重体系要保证使所有决策单元的效率值不大于 1，可以看出由 DEA 传统模型（CCR 模型）得出的效率值为决策单元（DMUs）的标准化效率值。现有的用于解决 DEA 交叉效率非唯一性问题的 DEA 交叉效率第二目标模型均是基于决策单元标准化效率值进行权重选择的，忽视了从决策单元原始效率值的维度进行权重选择，但在现实中决策单元同样关注自身的原始效率值。基于此，本书从决策单元原始效率值的维度，重新阐释了 CCR 模型，接着又基于敌对模型、友善模型以及中立模型的建模思路，分别构建了考虑决策单元原始效率值的敌对模型、友善模型以及中立模型。更进一步算例对比分析表明，新构建的模型选择的权重体系包含较少的极端权重，由此得出的交叉效率值也会更加合理。

令 $\mu_{rk}=u_{rk}/\sum_{r=1}^{s}u_{rk}(r=1,\ 2,\ \cdots,\ s)$，$\nu_{ik}=v_{ik}/\sum_{i=1}^{m}v_{ik}(i=1,\ 2,\ \cdots,\ m)$，则模型（2-3）（CCR 模型）会转换为模型（3-3），ν_{ik} 和 μ_{rk} 可以看作投入和产出指标的原始权重。由模型（3-3）可以看出，在原始效率值下，DEA 传统模型（CCR 模型）可以理解为，只要存在至少一组权重体系使某个决策单元的效率值不小于其他决策单元，并且该权重体系满足所有的投入（产出）指标权重之和等于 1，则该决策单元为 DEA 有效。

$$\text{Maximize } \theta_{kk}=\frac{\sum_{r=1}^{s}\mu_{rk}y_{rk}}{\sum_{i=1}^{m}\nu_{ik}x_{ik}}\Bigg/\underset{j=1,\ \cdots,\ n}{\text{Maximize}}\left\{\frac{\sum_{r=1}^{s}\mu_{rk}y_{rj}}{\sum_{i=1}^{m}\nu_{ik}x_{ij}}\right\}$$

$$\text{subject to } \sum_{r=1}^{s}\mu_{rk}=1$$

$$\sum_{i=1}^{m}\nu_{ik}=1$$

$$\mu_{rk}\geqslant 0,\ r=1,\ 2,\ \cdots,\ s$$

$$\nu_{ik}\geqslant 0\quad i=1,\ 2,\ \cdots,\ m \tag{3-3}$$

模型（2-3）和模型（3-3）的目标函数值相同，都为决策单元的 CCR 效率值，同时两个模型求解的权重解存在一一对应的关系，模型（3-3）下的权重解是模型（2-3）权重解的标准化（进行归一化处理），模型（3-3）下权重可以看作投入和产出指标的原始权重，决策单元（DMUs）在模型（3-3）求解的权重体系下的效率值即为它们的原始效率值。

3.4.2　考虑决策单元原始效率值的敌对、友善和中立模型

在现有的 DEA 交叉效率第二目标模型中，敌对、友善和中立模型最为典型也最为常用。敌对和友善模型的建模思路，关注的是自己选择的权重体系对其他决策单元效率值的影响，即敌对（友善）模型选择的权重体系不利于（有利于）其他决策单元的效率值。依据两者的建模思路，在考虑决策单元原始效率值的前提下，敌对模型应该使被评价决策单元在自己有利的权重体系中选择出的权重体系，最小化其他决策单元的平均原始效率值；友善模型与之相反。与敌对、友善模型的建模思路不同，中立模型关注的是选择出的权重体系对自身利益的影响，因而应该选择出一组对自己尽可能有利的权重体系。在原始效率值下，决策单元应该更加关注在众多对自己有利的权重体系中，哪组权重体系下自己的原始效率值更大。基于此，本书构建了考虑决策单元原始效率值的敌对、友善和中立模型，它们的规划式分别如模型（3-4）、模型（3-5）、模型（3-6）所示。

$$\text{Minimize } \frac{1}{n-1} \times \frac{\sum_{i=1}^{m} v_i}{\sum_{r=1}^{s} u_r} \times \sum_{j=1,\ j\neq k}^{n} \theta_{jk}$$

$$\text{subject to } \theta_{kk}^{*} = \frac{\sum_{r=1}^{s} u_{rk} y_{rk}}{\sum_{i=1}^{m} v_{ik} x_{ik}}$$

$$\theta_{jk} = \frac{\sum_{r=1}^{s} u_{rk} y_{rj}}{\sum_{i=1}^{m} v_{ik} x_{ij}} \leqslant 1,\ j = 1,\ 2,\ \cdots,\ n,\ j \neq k$$

$$u_{rk} \geqslant 0,\ r = 1,\ 2,\ \cdots,\ s$$

$$v_{ik} \geqslant 0,\ i = 1,\ 2,\ \cdots,\ m \tag{3-4}$$

$$\text{Maximize } \frac{1}{n-1} \times \frac{\sum_{i=1}^{m} v_i}{\sum_{r=1}^{s} u_r} \times \sum_{j=1,\ j \neq k}^{n} \theta_{jk}$$

$$\text{subject to } \theta_{kk}^* = \frac{\sum_{r=1}^{s} u_{rk} y_{rk}}{\sum_{i=1}^{m} v_{ik} x_{ik}}$$

$$\theta_{jk} = \frac{\sum_{r=1}^{s} u_{rk} y_{rj}}{\sum_{i=1}^{m} v_{ik} x_{ij}} \leqslant 1,\ j = 1,\ 2,\ \cdots,\ n,\ j \neq k$$

$$u_{rk} \geqslant 0,\ r = 1,\ 2,\ \cdots,\ s$$

$$v_{ik} \geqslant 0,\ i = 1,\ 2,\ \cdots,\ m \tag{3-5}$$

$$\text{Maximize } \frac{\left(\sum_{r=1}^{s} u_{rk} y_{rk} / \sum_{r=1}^{s} u_{rk}\right)}{\left(\sum_{i=1}^{m} v_{ik} x_{ik} / \sum_{i=1}^{m} v_{ik}\right)}$$

$$\text{subject to } \theta_{kk}^* = \frac{\sum_{r=1}^{s} u_{rk} y_{rk}}{\sum_{i=1}^{m} v_{ik} x_{ik}}$$

$$\theta_{jk} = \frac{\sum_{r=1}^{s} u_{rk} y_{rj}}{\sum_{i=1}^{m} v_{ik} x_{ij}} \leqslant 1,\ j = 1,\ 2,\ \cdots,\ n,\ j \neq k$$

$$u_{rk} \geqslant 0,\ r = 1,\ 2,\ \cdots,\ s$$

$$v_{ik} \geqslant 0,\ i = 1,\ 2,\ \cdots,\ m \tag{3-6}$$

以上模型的目标函数关注的均是选择出的权重体系对决策单元原始效率值的影响。其中，模型（3-4）和模型（3-5）中对其他决策单元的标准化交叉效率值乘以 $\sum_{i=1}^{m} v_i \Big/ \sum_{r=1}^{s} u_r$，可以使它们还原到原始交叉效率值，它们的目标函数分别最小化（最大化）其他决策单元平均的原始效率值。模型（3-6）中的目标函数

可以最大化被评价决策单元 DMU_k 的原始效率值。

3.4.3 算例分析

本部分运用算例对比分析，来说明本书提出的三个模型与传统的敌对、友善、中立模型在对决策单元进行效率评估上的差异。

算例 1： 继续选用 7 个学院的效率评估[144] 进行对比分析。表 3-2 至表 3-4 及表 3-17 至表 3-19 分别列示了传统的敌对、友善、中立模型以及本书提出的三个模型的评估结果；清楚地显示出评估结果出现了差异，表明在进行权重体系选择时，考虑对决策单元何种效率值的影响，会对最终的评估结果产生重大影响。为了进一步阐释它们的差异，表 3-20、表 3-21、表 3-7 及表 3-22 至表 3-24 列示了不同模型所选择的进行交叉效率计算的权重体系，结果表明它们选择了不同的权重体系。更进一步发现，传统的敌对、友善以及中立模型所选择的权重体系中包含了许多“零权重”，且中立模型下主要集中在投入指标上，这表明三个模型在对决策单元进行交叉效率计算时，有过多的信息被忽视，这可能会导致得出不合理的交叉效率值[34,36]。表 3-22 至表 3-24 显示，本书所提出的三个模型所选择的权重体系中，出现极端权重的数量大大地减少了，对决策单元的交叉效率评估也更加合理。

表 3-17 依据模型（3-4）计算得出的交叉效率矩阵

DMUs	目标 DMU							均值	排序
	1	2	3	4	5	6	7		
1	1.0000	0.8710	0.8208	0.6878	0.6536	0.8779	0.9981	0.8442	4
2	0.7789	1.0000	0.7121	1.0000	0.8201	0.9776	0.7285	0.8596	3
3	0.6791	0.8196	1.0000	0.7351	0.7689	0.8142	0.5834	0.7715	5
4	0.3357	0.7552	0.2485	0.8197	0.4357	0.6964	0.2906	0.5117	7
5	1.0000	0.7696	0.7081	0.7646	1.0000	0.8263	0.9969	0.8665	2
6	0.8869	0.9999	1.0000	0.9507	0.9479	1.0000	0.8101	0.9422	1
7	0.8217	0.7474	0.2559	0.9985	0.6348	0.7567	1.0000	0.7450	6

资料来源：作者计算所得。

表 3-18 依据模型（3-5）计算得出的交叉效率矩阵

DMUs	目标 DMU							均值	排序
	1	2	3	4	5	6	7		
1	1.0000	0.8695	0.9411	0.6878	0.8445	0.8974	0.9258	0.8809	3
2	0.8503	1.0000	0.7211	1.0000	0.8694	0.9266	0.8204	0.8840	2
3	0.8070	0.8090	1.0000	0.7351	0.7399	0.8621	0.6457	0.7998	4
4	0.4554	0.7624	0.3013	0.8197	0.4821	0.5692	0.4396	0.5471	7
5	0.7250	0.7589	0.5392	0.7646	1.0000	0.6945	0.9606	0.7775	5
6	0.9497	0.9922	0.9568	0.9507	0.9525	1.0000	0.8723	0.9535	1
7	0.5083	0.7646	0.2376	0.9985	0.8378	0.5018	1.0000	0.6927	6

资料来源：作者计算所得。

表 3-19 依据模型（3-6）计算得出的交叉效率矩阵

DMUs	目标 DMU							均值	排序
	1	2	3	4	5	6	7		
1	1.0000	0.8241	0.9682	0.6878	0.7067	0.9104	0.7138	0.8301	3
2	0.6444	1.0000	0.6286	1.0000	0.7887	0.8630	0.9961	0.8458	2
3	0.6888	0.7943	1.0000	0.7351	0.6603	0.9509	0.7643	0.7991	4
4	0.2508	0.7720	0.2022	0.8197	0.4104	0.4633	0.7402	0.5227	7
5	0.6254	0.7663	0.5667	0.7646	1.0000	0.5304	0.9029	0.7366	5
6	0.7914	0.9855	0.9217	0.9507	0.8747	1.0000	0.9918	0.9308	1
7	0.3702	0.8015	0.2105	0.9985	0.8565	0.3210	1.0000	0.6512	6

资料来源：作者计算所得。

表 3-20 DEA 交叉效率敌对模型选择的用于计算交叉效率的权重矩阵

DMUs	x_1	x_2	x_3	y_1	y_2	y_3
1	0	0	0.0009	0	0.0005	0
2	0	0.0001	0.0001	0.0007	0	0
3	0	0	0.0009	0.0003	0	0
4	0.0054	5.3E-06	0	0.0008	0	0
5	0.0043	0	0.0004	0	0	0.0023

续表

DMUs	x_1	x_2	x_3	y_1	y_2	y_3
6	0. 0010	0	0. 0007	0	0	0. 0012
7	0. 0066	0	0	0	0. 0017	0

资料来源：作者计算所得。

表 3-21 DEA 交叉效率友善模型选择的用于计算交叉效率的权重矩阵

DMUs	x_1	x_2	x_3	y_1	y_2	y_3
1	0. 0020	8. 1E-05	0	0. 0003	0. 0009	0. 0003
2	0. 0029	6. 6E-05	0	0. 0006	0. 0006	0
3	0	2. 9E-05	0. 0007	0	0. 0002	0. 0010
4	0. 0054	5. 3E-06	0	0. 0008	0	0
5	0. 0025	0. 0001	0	0. 0004	0. 0011	0. 0004
6	0. 0021	8. 4E-05	0	0. 0003	0. 0009	0. 0003
7	0. 0025	0. 0001	0	0. 0004	0. 0012	0. 0004

资料来源：作者计算所得。

表 3-22 模型（3-4）选择的用于计算交叉效率的权重矩阵

DMUs	x_1	x_2	x_3	y_1	y_2	y_3
1	0	0. 4530	0	0	3. 9115	2. 6062
2	0. 0355	0. 8127	0. 0040	3. 7478	1. 1769	1. 0312
3	0. 0001	7. 5986	161. 4696	0	0. 0002	302. 6757
4	0. 0054	5. 3E-06	0	0. 0008	0	0
5	0	0. 0826	0	0	0. 0001	1. 2701
6	0. 0020	0. 9296	0. 0007	3. 5288	1. 9064	2. 8248
7	1. 7953	0. 0502	0. 0006	0. 0107	1. 0991	0. 1439

资料来源：作者计算所得。

表 3-23 模型（3-5）选择的用于计算交叉效率的权重矩阵

DMUs	x_1	x_2	x_3	y_1	y_2	y_3
1	3. 9754	0. 6924	3. 2510	3. 0675	5. 1022	1. 5922
2	2. 8073	0. 9532	0. 0180	4. 9027	1. 6816	0. 4761

续表

DMUs	x_1	x_2	x_3	y_1	y_2	y_3
3	2.0223	0.1510	7.2112	1.8253	0.7145	4.7585
4	0.0054	5.3E-06	0	0.0008	0	0
5	5.3088	0.3052	0.0323	0.5218	1.9503	3.4045
6	2.2178	0.2147	1.0069	1.4508	0.5646	0.7187
7	1.8331	0.0319	0.0047	0.1188	0.6573	0.1253

资料来源：作者计算所得。

表 3-24　模型（3-6）选择的用于计算交叉效率的权重矩阵

DMUs	x_1	x_2	x_3	y_1	y_2	y_3
1	0.5046	0.0837	0.8438	0.1912	1.1523	0.2719
2	9.2212	0.6932	0.0034	4.4890	1.1438	0.6117
3	0.7138	0.0511	5.0311	0.2421	0.9863	4.4976
4	0.0054	5.3E-06	0	0.0008	0	0
5	2.5215	0.0194	0.0248	0.0500	0.3218	0.7621
6	2.6893	0.0017	1.1485	0.7804	0.0849	0.0655
7	4.1577	0.0145	0.0024	0.4863	0.0695	0.4811

资料来源：作者计算所得。

算例 2：继续选用 14 个航空公司的效率评估[145] 进行对比分析，它们依据敌对、友善和中立交叉效率模型的评估结果列于表 3-10 至表 3-12。以上三个模型未考虑所选择的权重对决策单元原始效率值的影响。表 3-25 至表 3-27 列示了考虑决策单元原始效率值的敌对、友善和中立模型对决策单元的评估结果，清晰地显示了两类模型的差异。为了进一步阐明两者的差异，表 3-28、表 3-29、表 3-14 及表 3-30 至表 3-32 列示了上述六个模型选择的用于计算交叉效率的权重矩阵，显示出敌对、友善和中立模型选择的权重体系中含有大量的极端权重，而考虑决策单元原始效率值的敌对、友善和中立模型选择的“零权重”数量大大减少（本算例中的非有效决策单元由于只有一组最优权重解，所以在上述六个模型中选择的权重是一样的）。

表 3-25 模型（3-4）下的交叉效率矩阵

DMUs	目标 DMU														均值	排序
	1	2	3	4	5	6	7	8	9	10	11	12	13	14		
1	0.8684	0.4501	0.6225	0.8684	0.6579	0.4726	0.7679	0.7881	0.7031	0.4956	0.4854	0.7043	0.7810	0.8408	0.6790	11
2	0.1719	0.3379	0.0472	0.1719	0.1914	0.0247	0.2770	0.2724	0.2808	0.3116	0.3141	0.2788	0.2684	0.1622	0.2222	14
3	0.8826	0.1942	0.9475	0.8826	0.6725	0.6898	0.6469	0.6833	0.6225	0.2732	0.2507	0.6262	0.6830	0.8768	0.6380	12
4	0.9581	0.4259	0.7034	0.9581	0.7353	0.6973	0.7629	0.7850	0.6991	0.4769	0.4689	0.7016	0.7790	0.9399	0.7208	8
5	0.9653	0.3658	1.0000	0.9653	1.0000	1.0000	0.7012	0.7359	0.7778	0.5452	0.4177	0.7821	0.7396	0.9831	0.7842	6
6	0.8818	0.1108	0.9563	0.8818	0.6148	0.9766	0.5746	0.6084	0.5099	0.1499	0.1680	0.5142	0.6069	0.8829	0.6026	13
7	0.9211	0.7781	0.4773	0.9211	0.6800	0.3382	1.0000	1.0000	0.8395	0.6920	0.7785	0.8383	0.9805	0.8670	0.7937	4
8	0.7813	0.6114	0.5162	0.7813	0.6531	0.2924	0.8415	0.8588	0.8208	0.6779	0.6256	0.8194	0.8513	0.7475	0.7056	10
9	0.7855	0.7278	0.5076	0.7855	0.7475	0.2677	0.8881	0.9072	0.9477	0.8666	0.7345	0.9451	0.9031	0.7565	0.7693	7
10	0.7821	0.6354	0.6520	0.7821	0.9923	0.3564	0.7650	0.7944	1.0000	1.0000	0.6617	1.0000	0.8013	0.7835	0.7862	5
11	1.0000	1.0000	0.4287	1.0000	0.9981	0.4418	1.0000	1.0000	1.0000	0.9997	1.0000	1.0000	0.9911	0.9771	0.9169	1
12	0.9462	0.6336	0.7500	0.9462	0.9125	0.4395	0.9083	0.9395	0.9998	0.8412	0.6678	1.0000	0.9397	0.9282	0.8466	2
13	1.0000	0.4257	1.0000	1.0000	0.8005	0.4555	0.9513	1.0000	1.0000	0.6156	0.4834	1.0000	1.0000	0.9693	0.8358	3
14	1.0000	0.2277	1.0000	1.0000	0.7640	1.0000	0.6921	0.7275	0.6478	0.3022	0.2875	0.6522	0.7262	1.0000	0.7162	9

资料来源：作者计算所得。

表 3-26　模型（3-5）下的交叉效率矩阵

DMUs	目标 DMU														均值	排序
	1	2	3	4	5	6	7	8	9	10	11	12	13	14		
1	0. 8684	0. 4501	0. 6225	0. 8684	0. 7049	0. 4726	0. 7888	0. 7881	0. 7031	0. 6819	0. 7940	0. 7411	0. 7822	0. 8062	0. 7195	12
2	0. 1719	0. 3379	0. 0472	0. 1719	0. 1375	0. 0247	0. 2609	0. 2724	0. 2808	0. 1996	0. 1755	0. 2231	0. 1498	0. 1373	0. 1850	14
3	0. 8826	0. 1942	0. 9475	0. 8826	0. 8267	0. 6898	0. 6900	0. 6833	0. 6225	0. 7115	0. 8074	0. 7423	0. 8467	0. 8798	0. 7434	9
4	0. 9581	0. 4259	0. 7034	0. 9581	0. 7936	0. 6973	0. 7867	0. 7850	0. 6991	0. 7338	0. 8851	0. 7807	0. 8469	0. 9068	0. 7829	6
5	0. 9653	0. 3658	1. 0000	0. 9653	1. 0000	1. 0000	0. 7278	0. 7359	0. 7778	0. 9510	0. 9493	0. 9277	0. 9065	0. 9691	0. 8744	3
6	0. 8818	0. 1108	0. 9563	0. 8818	0. 8162	0. 9766	0. 6209	0. 6084	0. 5099	0. 6347	0. 7985	0. 6595	0. 8261	0. 8955	0. 7269	11
7	0. 9211	0. 7781	0. 4773	0. 9211	0. 6669	0. 3382	1. 0000	1. 0000	0. 8395	0. 7091	0. 8338	0. 7996	0. 7955	0. 8000	0. 7772	7
8	0. 7813	0. 6114	0. 5162	0. 7813	0. 6390	0. 2924	0. 8486	0. 8588	0. 8208	0. 7004	0. 7260	0. 7734	0. 7226	0. 7022	0. 6982	13
9	0. 7855	0. 7278	0. 5076	0. 7855	0. 6763	0. 2677	0. 8853	0. 9072	0. 9477	0. 7969	0. 7541	0. 8664	0. 7346	0. 7028	0. 7390	10
10	0. 7821	0. 6354	0. 6520	0. 7821	0. 8179	0. 3564	0. 7630	0. 7944	1. 0000	1. 0000	0. 8035	0. 9934	0. 7536	0. 7374	0. 7765	8
11	1. 0000	1. 0000	0. 4287	1. 0000	0. 8117	0. 4418	0. 9721	1. 0000	1. 0000	0. 9433	1. 0000	0. 9946	0. 8292	0. 8743	0. 8783	2
12	0. 9462	0. 6336	0. 7500	0. 9462	0. 8688	0. 4395	0. 9208	0. 9395	0. 9998	0. 9514	0. 9113	1. 0000	0. 8947	0. 8840	0. 8633	4
13	1. 0000	0. 4257	1. 0000	1. 0000	0. 9094	0. 4555	0. 9960	1. 0000	1. 0000	0. 9157	0. 9112	0. 9961	1. 0000	0. 9534	0. 8974	1
14	1. 0000	0. 2277	1. 0000	1. 0000	0. 9225	1. 0000	0. 7354	0. 7275	0. 6478	0. 7718	0. 9221	0. 7973	0. 9279	1. 0000	0. 8343	5

资料来源：作者计算所得。

表 3-27 模型（3-6）下的交叉效率矩阵

DMUs	目标 DMU														均值	排序
	1	2	3	4	5	6	7	8	9	10	11	12	13	14		
1	0. 8684	0. 4501	0. 6225	0. 8684	0. 5837	0. 4726	0. 7709	0. 7881	0. 7031	0. 5917	0. 7073	0. 7422	0. 6870	0. 7337	0. 6850	12
2	0. 1719	0. 3379	0. 0472	0. 1719	0. 0806	0. 0247	0. 2754	0. 2724	0. 2808	0. 1786	0. 1609	0. 2213	0. 0823	0. 0805	0. 1705	14
3	0. 8826	0. 1942	0. 9475	0. 8826	0. 7444	0. 6898	0. 6523	0. 6833	0. 6225	0. 6686	0. 7050	0. 7461	0. 8014	0. 8799	0. 7214	9
4	0. 9581	0. 4259	0. 7034	0. 9581	0. 7337	0. 6973	0. 7664	0. 7850	0. 6991	0. 6136	0. 8206	0. 7846	0. 7190	0. 8411	0. 7504	6
5	0. 9653	0. 3658	1. 0000	0. 9653	1. 0000	1. 0000	0. 7056	0. 7359	0. 7778	0. 8546	0. 9115	0. 9370	0. 7452	0. 9208	0. 8489	2
6	0. 8818	0. 1108	0. 9563	0. 8818	0. 8446	0. 9766	0. 5802	0. 6084	0. 5099	0. 5654	0. 7159	0. 6651	0. 7768	0. 9261	0. 7143	10
7	0. 9211	0. 7781	0. 4773	0. 9211	0. 4994	0. 3382	1. 0000	1. 0000	0. 8395	0. 5973	0. 7378	0. 7975	0. 6639	0. 6647	0. 7311	8
8	0. 7813	0. 6114	0. 5162	0. 7813	0. 4546	0. 2924	0. 8429	0. 8588	0. 8208	0. 6447	0. 6284	0. 7706	0. 6291	0. 5975	0. 6593	13
9	0. 7855	0. 7278	0. 5076	0. 7855	0. 4617	0. 2677	0. 8889	0. 9072	0. 9477	0. 7540	0. 6620	0. 8629	0. 6030	0. 5721	0. 6953	11
10	0. 7821	0. 6354	0. 6520	0. 7821	0. 6017	0. 3564	0. 7667	0. 7944	1. 0000	1. 0000	0. 7474	0. 9956	0. 5655	0. 6057	0. 7346	7
11	1. 0000	1. 0000	0. 4287	1. 0000	0. 6745	0. 4418	0. 9987	1. 0000	1. 0000	0. 7506	1. 0000	0. 9983	0. 5227	0. 6485	0. 8188	3
12	0. 9462	0. 6336	0. 7500	0. 9462	0. 6531	0. 4395	0. 9111	0. 9395	0. 9998	0. 9005	0. 8132	1. 0000	0. 7515	0. 7690	0. 8181	4
13	1. 0000	0. 4257	1. 0000	1. 0000	0. 6460	0. 4555	0. 9570	1. 0000	1. 0000	0. 9666	0. 7459	0. 9921	1. 0000	0. 8990	0. 8634	1
14	1. 0000	0. 2277	1. 0000	1. 0000	0. 9237	1. 0000	0. 6977	0. 7275	0. 6478	0. 6794	0. 8415	0. 8037	0. 8395	1. 0000	0. 8135	5

资料来源：作者计算所得。

表 3-28　敌对模型选择的用于计算交叉效率的权重体系

DMUs	x_1	x_2	x_3	y_1	y_2
1	0.0524	0	0.0567	0.0103	0.1223
2	0.0702	0	0	0	0.2595
3	0.0043	0.1120	0.0609	0.0119	0
4	0.3970	0	0.4298	0.0778	0.9264
5	0	0	0.2182	0.0072	0
6	0.0043	0	0.2180	0.0082	0
7	0.0696	0	0	0.0070	0.1709
8	0.3503	0.0353	0	0.0392	0.8948
9	0.0345	0.0743	0	0.0053	0.2393
10	0	0.1423	0	0	0.2750
11	0	0	0.2309	0	0.2249
12	0.0339	0.0736	0.0010	0.0053	0.2363
13	0	0.1422	0	0.0081	0
14	0.0044	0	0.2226	0.0083	0

资料来源：作者计算所得。

表 3-29　友善模型选择的用于计算交叉效率的权重体系

DMUs	x_1	x_2	x_3	y_1	y_2
1	0.0524	0	0.0567	0.0103	0.1223
2	0.0702	0	0	0	0.2595
3	0.0043	0.1120	0.0609	0.0119	0
4	0.3970	0	0.4298	0.0778	0.9264
5	0.0429	0.0163	0.0593	0.0098	0.1348
6	0.0043	0	0.2180	0.0082	0
7	0.0664	0	0.0104	0.0081	0.1553
8	0.3503	0.0353	0	0.0392	0.8948
9	0.0345	0.0743	0	0.0053	0.2393
10	0.0184	0.0744	0.0480	0.0071	0.2042
11	0.0548	0	0.0593	0.0107	0.1278
12	0.0232	0.0654	0.0481	0.0077	0.1936

续表

DMUs	x_1	x_2	x_3	y_1	y_2
13	0.0523	0	0.0566	0.0102	0.1219
14	0.0583	0	0.0631	0.0114	0.1361

资料来源：作者计算所得。

表 3-30 模型（3-4）选择的用于计算交叉效率的权重体系

DMUs	x_1	x_2	x_3	y_1	y_2
1	0.0524	0	0.0567	0.0103	0.1223
2	0.0702	0	0	0	0.2595
3	0.0043	0.1120	0.0609	0.0119	0
4	0.3970	0	0.4298	0.0778	0.9264
5	0.0227	0.7014	0.5916	0.0408	1.8238
6	0.0043	0	0.2180	0.0082	0
7	89.3901	0.0113	0.0058	8.9943	219.4348
8	0.3503	0.0353	0	0.0392	0.8948
9	0.0345	0.0743	0	0.0053	0.2393
10	4.2381	19.9868	0.0067	0	63.2822
11	1.2034	0.1021	0.1239	0.0149	4.6283
12	26.4018	57.3549	0.7915	4.1248	184.1445
13	202.1089	35.2292	1.7725	23.2367	538.5385
14	0.9150	0.1681	1.2882	0.1991	2.4654

资料来源：作者计算所得。

表 3-31 模型（3-5）选择的用于计算交叉效率的权重体系

DMUs	x_1	x_2	x_3	y_1	y_2
1	0.0524	0	0.0567	0.0103	0.1223
2	0.0702	0	0	0	0.2595
3	0.0043	0.1120	0.0609	0.0119	0
4	0.3970	0	0.4298	0.0778	0.9264
5	0.1505	0.5660	0.5954	0.0738	1.1066
6	0.0043	0	0.2180	0.0082	0

续表

DMUs	x_1	x_2	x_3	y_1	y_2
7	0. 5421	0. 0055	0. 0009	0. 0606	1. 2137
8	0. 3503	0. 0353	0	0. 0392	0. 8948
9	0. 0345	0. 0743	0	0. 0053	0. 2393
10	0. 3651	3. 2358	1. 6714	0. 2117	7. 4709
11	0. 7076	0. 3132	1. 1358	0. 1501	2. 6158
12	0. 9631	2. 9234	1. 3307	0. 2700	8. 4279
13	1. 1058	0. 6645	1. 0663	0. 2449	2. 5416
14	198. 8762	61. 2685	303. 7123	47. 0717	448. 1727

资料来源：作者计算所得。

表 3-32　模型（3-6）选择的用于计算交叉效率的权重体系

DMUs	x_1	x_2	x_3	y_1	y_2
1	0. 0524	0	0. 0567	0. 0103	0. 1223
2	0. 0702	0	0	0	0. 2595
3	0. 0043	0. 1120	0. 0609	0. 0119	0
4	0. 3970	0	0. 4298	0. 0778	0. 9264
5	0. 1856	1. 1339	3. 4298	0. 1997	2. 0752
6	0. 0043	0	0. 2180	0. 0082	0
7	1. 2652	0. 0071	0. 0035	0. 1292	3. 0963
8	0. 3503	0. 0353	0	0. 0392	0. 8948
9	0. 0345	0. 0743	0	0. 0053	0. 2393
10	0. 0002	1. 1609	0. 1624	0. 0491	1. 5902
11	0. 9572	0. 4631	2. 6674	0. 2029	4. 7365
12	0. 3354	1. 0562	0. 5129	0. 0976	3. 0449
13	1. 3534	0. 6226	0. 3210	0. 2584	0. 3657
14	192. 7324	66. 2005	335. 8982	50. 8410	149. 1929

资料来源：作者计算所得。

3.5 本章小结

本章聚焦 DEA 交叉效率模型的交叉效率非唯一性问题，为了克服现有的用于弥补此问题的众多 DEA 交叉效率第二目标模型的不足，本书分别提出了“修缮中立模型”及考虑决策单元原始效率值的敌对、友善和中立模型。“修缮中立模型”相较于 Wang 等[40] 提出的“中立模型”对被评价决策单元更为有利，更符合“中立模型”的思想，由于其在进行权重体系选择时，仅考虑选择的权重体系对被评价决策单元自身利益的影响，建模思想相较于其他非“中立模型”更符合逻辑，得出的交叉效率评估结果也更加合理。除此之外，本章还从决策单元原始效率值的角度，重新阐释了 CCR 模型，并在此基础上基于敌对、友善和中立模型的建模思想，分别构建了考虑决策单元原始效率值的敌对、友善和中立模型；相较于现有的 DEA 交叉效率第二目标模型，本章提出的三个模型考虑了选择的权重体系对决策单元原始效率值的影响，同时算例对比分析显示了相较于考虑决策单元标准化效率值的敌对、友善和中立模型，本章提出的三个模型可以显著地减少极端权重的数量。

4 交叉效率集聚问题

4.1 问题描述

使用第 3 章介绍的用于解决 DEA 交叉效率非唯一性问题的方法模型，我们会得出交叉效率矩阵，在矩阵中每个决策单元 DMU 在 n 组权重体系下会得出 n 个效率值（包括 1 个使用自利权重体系得出的自评效率值和 $n-1$ 个使用其他决策单元自利权重体系求得的他评效率值）。在得出交叉效率矩阵后，接下来面临的是如何集聚每个决策单元 DMU 的 n 个效率值问题，目前用于集聚交叉效率的方法可以分为两类：一类是不考虑它们之间的差异性，给每个交叉效率分配相同的权重，最终得出每个决策单元的平均交叉效率值（ACE），如表 2-3 所示；另一类考虑它们之间的差异性，给它们分配差异化的权重，最终得出每个决策单元的加权平均交叉效率值（WACE），如表 2-4 所示。为了集聚交叉效率，本书提出了分别使用专家打分法及主成分分析（Principal Component Analysis，PCA）方法来集聚它们。

4.2 交叉效率集聚方法的评析

现有的有关 DEA 交叉效率的理论研究大多关注如何在决策单元众多的自利权重体系中选择出唯一一组权重体系，很少关注交叉效率的集聚问题，只是简单地用等权的方式对决策单元不同的交叉效率进行集聚，最终为每个决策单元求解出平均交叉效率值（ACE），据此对决策单元进行排序，如表 2-3 所示。但是此种方法得出的最终效率值和权重之间失去了关联性[114]，同时该集聚方法也没有考虑到不同交叉效率之间的差异性，导致最终的集聚结果不合理[47]。从本书前文的文献回顾发现，仅有少量的学者如 Wu 等[41] 考虑到了不同交叉效率间的差异性，采用非等权的方式来集聚交叉效率，为每个决策单元提供加权平均效率值（WACE），如表 2-4 所示。

Wu 等提出非等权集聚方法如合作博弈中的核子解[41] 和夏普利值[42] 以及熵权法[43]，以上三种方法除了指出平均交叉效率值不是一个帕累托最优解这一抽象概念，未给出具体直观的原因说明为什么要用非等权的方式来集聚交叉效率[47]。Song 等[45] 提出基于熵权法的变异系数方法，虽然克服了熵权法集聚权重违背“泽莱尼规则”[46] 的不足，但是它同样未给出对交叉效率进行非等权集聚的具体直观原因。使用有序加权平均算子（OWA）方法对交叉效率进行集聚时，最终的集聚结果依赖决策者（DM）的风险偏好水平，不同的偏好水平会得出不同的集聚结果[43]；同时在现实中也很难去测度决策者真实的风险偏好水平。Wang 和 Wang[47] 认为，决策单元的交叉效率是在 n 组不同的权重体系下计算得出的，由于 n 组不同的权重体系来自不同的视角和观点，应该区别对待，由它们得出的交叉效率也应该区别对待，据此提出了“差异模型”“偏差模型”“综合模型”来决定交叉效率的集聚权重。但是 n 组权重体系是基于特定的 DEA 交叉效率第二目标模型如敌对模型得出的，特定的第二目标模型的建模思想是既定的，意味着 n 组权重体系的视角和观点是一致的，并非有所差异；同时三个模型给出的集聚结果也会出现差异，且它们的建模思想一致，彼此之间无明显的优劣势之分，不便于决策者使用。为了克服现有交叉效率集聚方法的不足，本书提出了使用专家打分法来集聚交叉效率。

在使用专家打分法集聚交叉效率时，对不同专家效率“打分”的权重设置是基于它们之间的差异程度，和其他专家差异程度较大的专家，相应地，其效率“打分”权重较小，这一处理方式只是基于一般的常识判断，缺乏严谨的理论依据。为了克服其上述不足，本书进一步提出使用主成分分析（PCA）方法进行交叉效率集聚。

4.3 使用专家打分法集聚交叉效率

专家打分法就是针对若干个被评价对象的绩效，征询有关专家的意见，让他们对被评价对象的绩效进行打分，然后对他们的打分进行集聚，得出最终的评价结果。专家打分法的特点是简便、直观性强、便于计算。

对不同专家打分的集聚可以选择等权方法，计算公式为 $W=\sum_{i=1}^{n}W_i(1/n)$，其中 W 为评价对象总得分，W_i 为第 i 个专家的打分，n 为专家数量。此方法不考虑各个专家之间的差异性，如表 4-1 所示。另外一种方法是考虑专家之间的差异性，对他们的打分给予不同的权重，计算公式为 $W=\sum_{i=1}^{n}A_iW_i$，$0<A_i\leq 1$，$\sum_{i=1}^{n}A_i=1$。其中，A_i 为第 i 个专家打分的权重，如表 4-2 所示。本书借鉴专家打分法的思路，对交叉效率进行集聚，使用专家打分法集聚交叉效率，首先要确定交叉效率矩阵中的外部专家，外部专家确定后每个决策单元 DMU 的 n 个效率值就转换为 n 个外部专家对其的效率打分，接着就需要确定专家打分的权重。

表 4-1 采用等权方法集聚专家打分

专家	权重	被评价对象			
		Ⅰ	Ⅱ	Ⅲ	Ⅳ
A	0.25	40	35	30	40
B	0.25	25	30	30	30
C	0.25	15	15	10	15
D	0.25	5	10	5	10
总分		21.25	22.50	18.75	23.75

表 4-2 采用非等权方法集聚专家打分

专家	权重	被评价对象			
		Ⅰ	Ⅱ	Ⅲ	Ⅳ
A	0.1	40	35	30	40
B	0.2	25	30	30	30
C	0.3	15	15	10	15
D	0.4	5	10	5	10
总分		15.5	18	14	18.5

4.3.1 交叉效率矩阵中外部专家的确定

为了克服现有交叉效率集聚方法的不足，本书借助专家打分法的思路对交叉效率进行集聚。如果把表 2-3 中“目标 DMU”看作外部专家，则交叉效率矩阵可以看作外部专家对决策单元的效率“打分”矩阵，如表 4-3 所示，交叉效率集聚转变为对不同专家效率打分的集聚问题。由于专家之间的教育背景、工作经验等存在差异，他们的效率“打分”理应区别对待，在对他们的打分进行集聚时理应分配差异化的权重，这就给出了在集聚交叉效率时为何使用非等权权重的具体直观原因。

表 4-3　专家打分矩阵

DMU	专家			
	1	2	…	n
1	θ_{11}	θ_{12}	…	θ_{1n}
2	θ_{21}	θ_{22}	…	θ_{2n}
⋮	⋮	⋮	⋮	⋮
n	θ_{n1}	θ_{n2}	…	θ_{nn}

4.3.2　外部专家效率打分权重的确定

依据表 4-3 可知，交叉效率矩阵中各个决策单元下的众多效率值可以看作不同专家的效率打分，要对它们进行集聚就需要确定不同专家效率打分的权重。

权重的设定依据专家们对决策单元效率“打分”的差异程度，如果某个专家对决策单元的效率打分和其他专家之间差异较大，那么他的权威性就会受到质疑，因此给他的效率打分设置较小的权重是合理的。为了度量专家之间的差异程度，本书借鉴用于计算多维空间样本点之间距离的方法，如欧式距离、曼哈顿距离、切比雪夫距离、明考夫斯基距离等。欧式距离可以简单地描述为多维空间点点之间的几何距离，计算公式为 $d_{ij}=\left[\sum_{k=1}^{n}(x_{ik}-x_{jk})^2\right]^{\frac{1}{2}}$；其中，$x_{ik}$ 和 x_{jk} 为 i 样本和 j 样本的第 k 个指标，n 为指标数量。如果将欧式距离看作多维空间上点点之间的直线距离，那么曼哈顿距离可以看作样本点之间的折线距离，计算公式为 $d_{ij}=\sum_{k=1}^{n}|x_{ik}-x_{jk}|$。切比雪夫距离是指，在多维空间中，一个样本点到另一个样本点所消耗的最短距离，计算公式为 $d_{ij}=\mathop{\mathrm{Max}}\limits_{k=1}^{n}|x_{ik}-x_{jk}|$。明考夫斯基距离计算公式为 $d_{ij}=\left[\sum_{k=1}^{n}|x_{ik}-x_{jk}|^q\right]^{\frac{1}{q}}$；当 $q=2$ 时，转换为欧式距离。在以上众多衡量多维空间样本点距离的方法中，欧式距离最为常用。本书使用类与类之间的“平均

欧式距离”（即 $D_G(p, q) = (1/lk)\sum_{i \in G_p}\sum_{j \in G_q} d_{ij}$，式中的 l 和 k 分别表示类 G_p 和 G_q 中的个体数）来度量某个特定专家和其他专家之间的差异程度。我们把专家对不同决策单元的效率打分看作专家在不同特征属性指标上的取值，则表 4-3 又转换为专家在不同特征属性上的取值矩阵，如表 4-4 所示。据此，我们可以得到不同专家之间的欧式距离矩阵，如表 4-5 所示。依据表 4-5，我们可以求得专家 k 和其他专家之间的“平均欧式距离 d_k”，该数值可以反映专家 k 和其他专家之间的差异程度，d_k 的计算公式为：$d_k = \sum_{i=1}^{n} d_{ki}/(n-1)$，$k \in (1, 2, \cdots, n)$，$i \neq k$。各个专家和其他专家之间的差异程度测出后，为了使全体专家效率“打分”的权重之和等于 1，某一特定专家效率打分的权重设置为 $\left(1 - \lambda_i / \sum_{i=1}^{n} \lambda_i\right)/(n-1)$（其中，$\lambda_i$ 为第 i 个专家和其他专家的差异值，n 为专家总数）。据此可以求得各个决策单元的最终加权平均交叉效率值。

表 4-4 专家特征属性矩阵

属性	专家			
	1	2	…	n
1	θ_{11}	θ_{12}	…	θ_{1n}
2	θ_{21}	θ_{22}	…	θ_{2n}
⋮	⋮	⋮	⋮	⋮
n	θ_{n1}	θ_{n2}	…	θ_{nn}

表 4-5 专家之间的欧式距离矩阵

专家	专家			
	1	2	…	n
1	d_{11}	d_{12}	…	d_{1n}
2	d_{21}	d_{22}	…	d_{2n}
⋮	⋮	⋮	⋮	⋮
n	d_{n1}	d_{n2}	…	d_{nn}

4.3.3 算例分析

本部分运用三个算例来说明专家打分法在 DEA 交叉效率集聚中的潜在运用。

算例 1：7 个学院的效率评估[144]。由于敌对交叉效率模型在进行权重选择时会产生很多的极端权重，这就导致在进行交叉效率矩阵计算时，会有很多投入产出信息被忽视。为了规避这一问题，本书使用友善模型得出的交叉效率矩阵进行交叉效率集聚，当然本书提供的集聚方法同样适用于敌对模型以及其他模型。友善模型下，7 个学院的交叉效率矩阵如表 3-3 所示，如果我们把表 3-3 中“目标 DMU”看作外部专家，则表 3-3 就会转换为一个专家打分矩阵。如表 4-6 所示，7 个专家对 7 个决策单元的打分互不相同，反映了他们本身的差异，如教育背景、工作经验等，所以要对他们的效率打分区别对待。如果某个专家对 7 个决策单元的效率打分和其他专家之间存在较大差异，则他的权威性就会受到质疑，相应地，其效率打分应该设置较小的权重。专家 1 给 DMU_1 打了 1 分，而专家 2 给它打了 0.9219 分，两者出现了差异。本书使用聚类分析中的欧式距离方法来度量他们的差异程度，把每个专家对不同决策单元的效率打分看作它们不同属性指标上的取值，对它们进行标准化处理，处理后的结果如表 4-7 所示，据此可以求得它们的欧式距离矩阵，列于表 4-8。使用某个专家和其他专家的平均欧式距离数据，来衡量某个专家和其他专家的差异程度，求得他与其他专家的差异程度分别为 2.1532、2.4221、5.2375、3.9982、4.3200、2.1532 和 2.1532。某个专家和其他专家的差异程度越大，他的权威性就越会受到质疑，相应地，他的效率打分的权重就会越小；同时，为了使所有专家的效率打分权重之和等于 1，本书使用 $\left(1-\lambda_i/\sum_{i=1}^{n}\lambda_i\right)/(n-1)$（其中，$\lambda_i$ 为第 i 个专家和其他专家的差异值，n 为专家总数）来得出他们的效率打分权重，据此求得 7 个专家效率打分的权重依次为 0.1507、0.1487、0.1278、0.1370、0.1346、0.1507、0.1507。据此，决策单元依据专家打分法求得的最终平均交叉效率值为 0.8516、0.9518、0.7803、

0.6200、0.8603、0.9817、0.9098。表4-9分别列示了7个决策单元依据等权方法及专家打分法的评估结果和排序。可以看出，评估结果出现了显著的差异，表明在进行交叉效率集聚时，考虑不同交叉效率的重要性差异对评估结果会有重大影响。表4-10、表4-11分别列示了依据有序加权平均算子方法（OWA）进行交叉效率集聚的权重及相应的评估结果，清楚地显示了决策者（DM）的不同风险偏好水平会导致不同的评估结果，同时现实中也难以测量决策者真实的风险偏好水平。表4-12至表4-14列示了差异模型、偏差模型及综合模型对决策单元的集聚和排序结果，显示出现了差异；三个模型的建模思想一致，彼此之间又无明显的优劣势之分，这就造成在三者中难以选择的难题，不便于使用。而本书给出的集聚方法，对决策单元的评估结果是唯一的，也无须测度决策者的风险偏好，同时建模思路清晰、合理，便于理解，和现有的集聚方法相比有明显的优势，便于决策者使用。

表4-6 基于友善模型的专家打分矩阵

专家	学院						
	1	2	3	4	5	6	7
1	1.0000	0.9812	0.7690	0.6411	0.9382	1.0000	1.0000
2	0.9219	1.0000	0.7719	0.7013	0.8990	1.0000	1.0000
3	1.0000	0.8510	1.0000	0.4542	0.4950	1.0000	0.2941
4	0.6875	1.0000	0.7349	0.8197	0.7650	0.9506	1.0000
5	1.0000	0.8461	0.6651	0.4135	1.0000	0.9104	1.0000
6	1.0000	0.9812	0.7690	0.6411	0.9382	1.0000	1.0000
7	1.0000	0.9812	0.7690	0.6411	0.9382	1.0000	1.0000

资料来源：作者计算所得。

表4-7 不同专家的标准化特征属性值

专家	特征属性						
	1	2	3	4	5	6	7
1	0.4774	0.4719	-0.1326	0.1791	0.4879	0.5540	0.3780
2	-0.1908	0.7447	-0.1046	0.6087	0.2624	0.5540	0.3780

续表

专家	特征属性						
	1	2	3	4	5	6	7
3	0.4774	−1.4171	2.1038	−1.1545	−2.0610	0.5540	−2.2678
4	−2.1963	0.7447	−0.4628	1.4535	−0.5082	−0.8242	0.3780
5	0.4774	−1.4882	−1.1385	−1.4449	0.8433	−1.9458	0.3780
6	0.4774	0.4719	−0.1326	0.1791	0.4879	0.5540	0.3780
7	0.4774	0.4719	−0.1326	0.1791	0.4879	0.5540	0.3780

资料来源：作者计算所得。

表 4-8　7 个专家的欧式距离矩阵

专家	欧式距离						
	1	2	3	4	5	6	7
1	0.000	0.870	4.883	3.442	3.724	0.000	0.000
2	0.870	0.000	5.050	2.712	4.160	0.870	0.870
3	4.883	5.050	0.000	6.043	5.682	4.883	4.883
4	3.442	2.712	6.043	0.000	4.907	3.442	3.442
5	3.724	4.160	5.682	4.907	0.000	3.724	3.724
6	0.000	0.870	4.883	3.442	3.724	0.000	0.000
7	0.000	0.870	4.883	3.442	3.724	0.000	0.000

资料来源：作者计算所得。

表 4-9　7 个学院的效率值及排序结果

学院	ACE	排序	WACE	排序
1	0.9442	3	0.9458	3
2	0.9486	2	0.9519	2
3	0.7827	6	0.7805	6
4	0.6160	7	0.6201	7
5	0.8534	5	0.8605	5
6	0.9801	1	0.9814	1
7	0.8992	4	0.9100	4

资料来源：作者计算所得。

表 4-10 OWA 下交叉效率集聚权重

排序	决策者的风险偏好水平					
	α=1	α=0.9	α=0.8	α=0.7	α=0.6	α=0.5
1	1	0.5333	0.3600	0.2714	0.2071	0.1428
2	0	0.3333	0.2800	0.2285	0.1857	0.1428
3	0	0.1333	0.2000	0.1856	0.1643	0.1428
4	0	0	0.1200	0.1427	0.1429	0.1428
5	0	0	0.0400	0.0998	0.1215	0.1428
6	0	0	0	0.0569	0.1001	0.1428
7	0	0	0	0.0140	0.0787	0.1428

资料来源：作者计算所得。

表 4-11 OWA 下 DMUs 的效率评估结果

DMUs	决策者的风险偏好水平					
	α=1	α=0.9	α=0.8	α=0.7	α=0.6	α=0.5
1	1.0000（1）	1.0000（1）	1.0000（1）	1.0000（1）	0.9679（2）	0.9442（3）
2	1.0000（1）	0.9974（4）	0.9932（4）	0.9802（4）	0.9652（3）	0.9486（2）
3	1.0000（1）	0.8931（6）	0.8530（6）	0.8281（6）	0.8060（6）	0.7827（6）
4	0.8197（7）	0.7563（7）	0.7223（7）	0.6888（7）	0.6528（7）	0.6160（7）
5	1.0000（1）	0.9711（5）	0.9589（5）	0.9340（5）	0.8943（5）	0.8534（5）
6	1.0000（1）	1.0000（1）	1.0000（1）	0.9948（2）	0.9883（1）	0.9801（1）
7	1.0000（1）	1.0000（1）	1.0000（1）	0.9890（3）	0.9447（4）	0.8992（4）

资料来源：作者计算所得。

表 4-12 依据差异模型的集聚结果

DMUs	目标 DMU							WACE	排序
	1	2	3	4	5	6	7		
	0.2192	0.2036	0.0083	0.0585	0.0722	0.2192	0.2192		
1	1	0.9219	1	0.6875	1	1	1	0.9660	4
2	0.9812	1	0.8510	1	0.8461	0.9812	0.9812	0.9755	3
3	0.7690	0.7719	1	0.7349	0.6651	0.7690	0.7690	0.7622	6

续表

DMUs	目标 DMU							WACE	排序
	1	2	3	4	5	6	7		
	0. 2192	0. 2036	0. 0083	0. 0585	0. 0722	0. 2192	0. 2192		
4	0. 6411	0. 7013	0. 4542	0. 8197	0. 4135	0. 6411	0. 6411	0. 6459	7
5	0. 9382	0. 8990	0. 4950	0. 7650	1	0. 9382	0. 9382	0. 9211	5
6	1	1	1	0. 9506	0. 9104	1	1	0. 9908	2
7	1	1	0. 2941	1	1	1	1	0. 9943	1

资料来源：作者计算所得。

表 4-13　依据偏差模型的集聚结果

DMUs	目标 DMU							WACE	排序
	1	2	3	4	5	6	7		
	0. 1926	0. 2092	0. 0807	0. 0764	0. 0558	0. 1926	0. 1926		
1	1	0. 9219	1	0. 6875	1	1	1	0. 9597	3
2	0. 9812	1	0. 8510	1	0. 8461	0. 9812	0. 9812	0. 9684	2
3	0. 7690	0. 7719	1	0. 7349	0. 6651	0. 7690	0. 7690	0. 7798	6
4	0. 6411	0. 7013	0. 4542	0. 8197	0. 4135	0. 6411	0. 6411	0. 6395	7
5	0. 9382	0. 8990	0. 4950	0. 7650	1	0. 9382	0. 9382	0. 8844	5
6	1	1	1	0. 9506	0. 9104	1	1	0. 9911	1
7	1	1	0. 2941	1	1	1	1	0. 9429	4

资料来源：作者计算所得。

表 4-14　依据综合模型的集聚结果

DMUs	目标 DMU							WACE	排序
	1	2	3	4	5	6	7		
	0. 2009	0. 2153	0. 0467	0. 0767	0. 0587	0. 2009	0. 2009		
1	1	0. 9219	1	0. 6875	1	1	1	0. 9593	4
2	0. 9812	1	0. 8510	1	0. 8461	0. 9812	0. 9812	0. 9728	2
3	0. 7690	0. 7719	1	0. 7349	0. 6651	0. 7690	0. 7690	0. 7718	6
4	0. 6411	0. 7013	0. 4542	0. 8197	0. 4135	0. 6411	0. 6411	0. 6457	7
5	0. 9382	0. 8990	0. 4950	0. 7650	1	0. 9382	0. 9382	0. 8995	5

续表

DMUs	目标 DMU							WACE	排序
	1	2	3	4	5	6	7		
	0.2009	0.2153	0.0467	0.0767	0.0587	0.2009	0.2009		
6	1	1	1	0.9506	0.9104	1	1	0.9911	1
7	1	1	0.2941	1	1	1	1	0.9671	3

资料来源：作者计算所得。

算例 2：14 个航空公司的效率评估[145]。继续以 14 个航空公司为例，它们基于 DEA 交叉效率友善模型得出的交叉效率矩阵如表 3-11 所示，如果把其中的目标决策单元看作外部专家，则交叉效率矩阵就会转换为如表 4-15 所示的专家打分矩阵。表 4-16、表 4-17 分别列示了标准化的专家特征属性值矩阵和专家之间的欧式距离矩阵，求得专家 1～14 和其他专家的差异程度分别为 2.9036、8.6843、5.9361、2.9035、2.9807、8.6072、3.5250、3.8351、4.4086、3.4122、2.9035、3.2701、2.9035、2.9035，依据 $\left(1-\lambda_i/\sum_{i=1}^{n}\lambda_i\right)/(n-1)$（其中，$\lambda_i$ 为第 i 个专家和其他专家的差异值，n 为专家总数）求得他们的效率打分权重分别为 0.0731、0.0656、0.0692、0.0731、0.0730、0.0657、0.0723、0.0719、0.0711、0.0724、0.0731、0.0727、0.0731、0.0731。据此求得决策单元最终的平均效率值，如表 4-18 所示。表 4-19 和表 4-20 分别列示了基于有序加权平均算子（OWA）方法得出的用于交叉效率集聚的权重，以及最终的效率评价结果，清楚地显示出不同的决策者风险偏好水平会导致不同的效率评估结果，同时现实中也难以测量决策者真实的风险偏好水平。表 4-21 至表 4-23 列示了差异模型、偏差模型及综合模型对交叉效率的集聚和排序结果，显示出现了差异，同时三个模型的建模思想一致，彼此之间又无明显的优劣势之分，这就造成在三者中难以选择的难题，不便于使用。而本书给出的集聚方法，对决策单元的评估结果是唯一的，也无须测度决策者的风险偏好水平，同时建模思路清晰、合理，便于理解，和现有的集聚方法相比有明显的优势，便于决策者使用。

表 4-15 基于友善交叉效率模型的专家打分矩阵

DMUs	专家													
	1	2	3	4	5	6	7	8	9	10	11	12	13	14
1	0.8684	0.4501	0.6225	0.8684	0.8492	0.4726	0.8108	0.7881	0.7031	0.7512	0.8684	0.7713	0.8684	0.8684
2	0.1719	0.3379	0.0472	0.1719	0.1735	0.0247	0.2479	0.2724	0.2808	0.2058	0.1719	0.2025	0.1719	0.1719
3	0.8826	0.1942	0.9475	0.8826	0.8844	0.6898	0.7232	0.6833	0.6225	0.7846	0.8826	0.8072	0.8826	0.8826
4	0.9581	0.4259	0.7034	0.9581	0.9413	0.6973	0.8228	0.7850	0.6991	0.8113	0.9581	0.8341	0.9581	0.9581
5	0.9653	0.3658	1.0000	0.9653	1.0000	1.0000	0.7704	0.7359	0.7778	1.0000	0.9653	1.0000	0.9653	0.9653
6	0.8818	0.1108	0.9563	0.8818	0.8780	0.9766	0.6615	0.6084	0.5099	0.7176	0.8818	0.7478	0.8818	0.8818
7	0.9211	0.7781	0.4773	0.9211	0.8795	0.3382	1.0000	1.0000	0.8395	0.7808	0.9211	0.8012	0.9211	0.9211
8	0.7813	0.6114	0.5162	0.7813	0.7703	0.2924	0.8458	0.8588	0.8208	0.7532	0.7813	0.7631	0.7813	0.7813
9	0.7855	0.7278	0.5076	0.7855	0.7889	0.2677	0.8782	0.9072	0.9477	0.8375	0.7855	0.8369	0.7855	0.7855
10	0.7821	0.6354	0.6520	0.7821	0.8250	0.3564	0.7780	0.7944	1.0000	1.0000	0.7821	0.9719	0.7821	0.7821
11	1.0000	1.0000	0.4287	1.0000	1.0000	0.4418	1.0000	1.0000	1.0000	1.0000	1.0000	1.0000	1.0000	1.0000
12	0.9462	0.6336	0.7500	0.9462	0.9602	0.4395	0.9362	0.9395	0.9998	1.0000	0.9462	1.0000	0.9462	0.9462
13	1.0000	0.4257	1.0000	1.0000	1.0000	0.4555	1.0000	1.0000	1.0000	0.9843	1.0000	1.0000	1.0000	1.0000
14	1.0000	0.2277	1.0000	1.0000	1.0000	1.0000	0.7795	0.7275	0.6478	0.8569	1.0000	0.8838	1.0000	1.0000

资料来源：作者计算所得。

表 4-16 不同专家的标准化特征属性值

专家	特征属性													
	1	2	3	4	5	6	7	8	9	10	11	12	13	14
1	0. 7905	-2. 1087	-0. 9139	0. 7905	0. 6574	-1. 9528	0. 3913	0. 2339	-0. 3552	-0. 0218	0. 7905	0. 1175	0. 7905	0. 7905
2	-0. 2105	1. 7814	-1. 7068	-0. 2105	-0. 1913	-1. 9768	0. 7014	0. 9954	1. 0962	0. 1963	-0. 2105	0. 1567	-0. 2105	-0. 2105
3	0. 5979	-2. 9885	0. 9360	0. 5979	0. 6073	-0. 4066	-0. 2325	-0. 4404	-0. 7572	0. 0873	0. 5979	0. 2051	0. 5979	0. 5979
4	0. 8800	-2. 5659	-0. 7692	0. 8800	0. 7712	-0. 8087	0. 0039	-0. 2408	-0. 7970	-0. 0705	0. 8800	0. 0771	0. 8800	0. 8800
5	0. 4153	-2. 9431	0. 6097	0. 4153	0. 6097	0. 6097	-0. 6766	-0. 8698	-0. 6351	0. 6097	0. 4153	0. 6097	0. 4153	0. 4153
6	0. 5478	-2. 7942	0. 8707	0. 5478	0. 5313	0. 9587	-0. 4071	-0. 6373	-1. 0642	-0. 1639	0. 5478	-0. 0330	0. 5478	0. 5478
7	0. 5225	-0. 2272	-1. 8041	0. 5225	0. 3044	-2. 5333	0. 9361	0. 9361	0. 0947	-0. 2130	0. 5225	-0. 1061	0. 5225	0. 5225
8	0. 3727	-0. 7357	-1. 3568	0. 3727	0. 3009	-2. 8168	0. 7934	0. 8782	0. 6303	0. 1893	0. 3727	0. 2539	0. 3727	0. 3727
9	0. 1518	-0. 1796	-1. 4445	0. 1518	0. 1714	-2. 8226	0. 6843	0. 8509	1. 0836	0. 4505	0. 1518	0. 4471	0. 1518	0. 1518
10	0. 0112	-0. 8796	-0. 7788	0. 0112	0. 2717	-2. 5736	-0. 0137	0. 0859	1. 3343	1. 3343	0. 0112	1. 1636	0. 0112	0. 0112
11	0. 3934	0. 3934	-2. 3921	0. 3934	0. 3934	-2. 3283	0. 3934	0. 3934	0. 3934	0. 3934	0. 3934	0. 3934	0. 3934	0. 3934
12	0. 3733	-1. 5332	-0. 8233	0. 3733	0. 4587	-2. 7170	0. 3124	0. 3325	0. 7002	0. 7015	0. 3733	0. 7015	0. 3733	0. 3733
13	0. 3996	-2. 4324	0. 3996	0. 3996	0. 3996	-2. 2854	0. 3996	0. 3996	0. 3996	0. 3222	0. 3996	0. 3996	0. 3996	0. 3996
14	0. 6110	-2. 9091	0. 6110	0. 6110	0. 6110	0. 6110	-0. 3940	-0. 6310	-0. 9943	-0. 0412	0. 6110	0. 0814	0. 6110	0. 6110

资料来源：作者计算所得。

表 4-17 14 个专家的欧式距离矩阵

专家	欧式距离													
	1	2	3	4	5	6	7	8	9	10	11	12	13	14
1	0. 000	9. 290	5. 375	0. 000	0. 443	8. 598	2. 490	3. 102	4. 114	2. 342	0. 000	1. 994	0. 000	0. 000
2	9. 290	0. 000	9. 562	9. 290	9. 299	9. 557	7. 442	7. 043	6. 717	8. 310	9. 290	8. 517	9. 290	9. 290
3	5. 375	9. 562	0. 000	5. 375	5. 260	4. 642	6. 329	6. 664	6. 885	5. 495	5. 375	5. 459	5. 375	5. 375
4	0. 000	9. 290	5. 375	0. 000	0. 443	8. 598	2. 490	3. 102	4. 114	2. 342	0. 000	1. 994	0. 000	0. 000
5	0. 443	9. 299	5. 260	0. 443	0. 000	8. 558	2. 591	3. 170	3. 981	2. 013	0. 443	1. 660	0. 443	0. 443
6	8. 598	9. 557	4. 642	8. 598	8. 558	0. 000	9. 252	9. 507	9. 795	8. 788	8. 598	8. 806	8. 598	8. 598
7	2. 490	7. 442	6. 329	2. 490	2. 591	9. 252	0. 000	0. 637	2. 299	2. 467	2. 490	2. 358	2. 490	2. 490
8	3. 102	7. 043	6. 664	3. 102	3. 170	9. 507	0. 637	0. 000	1. 911	2. 725	3. 102	2. 689	3. 102	3. 102
9	4. 114	6. 717	6. 885	4. 114	3. 981	9. 795	2. 299	1. 911	0. 000	2. 475	4. 114	2. 680	4. 114	4. 114
10	2. 342	8. 310	5. 495	2. 342	2. 013	8. 788	2. 467	2. 725	2. 475	0. 000	2. 342	0. 374	2. 342	2. 342
11	0. 000	9. 290	5. 375	0. 000	0. 443	8. 598	2. 490	3. 102	4. 114	2. 342	0. 000	1. 994	0. 000	0. 000
12	1. 994	8. 517	5. 459	1. 994	1. 660	8. 806	2. 358	2. 689	2. 680	0. 374	1. 994	0. 000	1. 994	1. 994
13	0. 000	9. 290	5. 375	0. 000	0. 443	8. 598	2. 490	3. 102	4. 114	2. 342	0. 000	1. 994	0. 000	0. 000
14	0. 000	9. 290	5. 375	0. 000	0. 443	8. 598	2. 490	3. 102	4. 114	2. 342	0. 000	1. 994	0. 000	0. 000

资料来源：作者计算所得。

表 4-18 14 个航空公司的效率值及排序结果

DMUs	ACE	排序	WACE	排序
1	0.7543	12	0.7592	11
2	0.1894	14	0.1898	14
3	0.7678	9	0.7724	9
4	0.8222	6	0.8268	6
5	0.8912	3	0.8943	3
6	0.7554	11	0.7586	12
7	0.8214	7	0.8263	7
8	0.7242	13	0.7286	13
9	0.7590	10	0.7632	10
10	0.7803	8	0.7843	8
11	0.9193	1	0.9238	2
12	0.8850	4	0.8902	4
13	0.9190	2	0.9254	1
14	0.8659	5	0.8699	5

资料来源：作者计算所得。

表 4-19 OWA 下交叉效率集聚权重

DMUs	决策者的风险偏好水平					
	$\alpha=1$	$\alpha=0.9$	$\alpha=0.8$	$\alpha=0.7$	$\alpha=0.6$	$\alpha=0.5$
1	1	0.34	0.2044	0.1462	0.1086	0.0714
2	0	0.27	0.1811	0.1346	0.1029	0.0714
3	0	0.20	0.1578	0.1231	0.0971	0.0714
4	0	0.13	0.1344	0.1115	0.0914	0.0714
5	0	0.06	0.1111	0.1000	0.0857	0.0714
6	0	1	0.08778	0.0885	0.0800	0.0714
7	0	0	0.0644	0.0769	0.0743	0.0714
8	0	0	0.0411	0.0654	0.0686	0.0714

续表

DMUs	决策者的风险偏好水平					
	α=1	α=0.9	α=0.8	α=0.7	α=0.6	α=0.5
9	0	0	0.01778	0.0538	0.0629	0.0714
10	0	0	0	0.0423	0.0571	0.0714
11	0	0	0	0.03077	0.0514	0.0714
12	0	0	0	0.0192	0.0457	0.0714
13	0	0	0	0.0077	0.0400	0.0714
14	0	0	0	0	0.0343	0.0714

资料来源：作者计算所得。

表 4-20　OWA 下 DMUs 的效率评估结果

DMUs	决策者的风险偏好水平					
	α=1	α=0.9	α=0.8	α=0.7	α=0.6	α=0.5
1	0.8684（12）	0.8684（12）	0.8580（12）	0.8340（12）	0.7944（12）	0.7543（12）
2	0.3379（14）	0.2898（14）	0.2582（14）	0.2369（14）	0.2133（14）	0.1894（14）
3	0.9475（11）	0.9052（10）	0.8914（10）	0.8636（10）	0.8164（10）	0.7678（9）
4	0.9581（9）	0.9581（8）	0.9405（7）	0.9082（7）	0.8655（7）	0.8222（6）
5	1.0000（1）	1.0000（1）	0.9927（4）	0.9753（3）	0.9339（3）	0.8912（3）
6	0.9766（8）	0.9341（9）	0.9121（8）	0.8764（8）	0.8166（9）	0.7554（11）
7	1.0000（1）	0.9692（6）	0.9484（6）	0.9206（6）	0.8715（6）	0.8214（7）
8	0.8588（13）	0.8330（13）	0.8149（13）	0.7986（13）	0.7619（13）	0.7242（13）
9	0.9477（10）	0.9019（11）	0.8683（11）	0.8450（11）	0.8026（11）	0.7590（10）
10	1.0000（1）	0.9593（7）	0.9032（9）	0.8689（9）	0.8250（8）	0.7803（8）
11	1.0000（1）	1.0000（1）	1.0000（1）	0.9957（1）	0.9581（1）	0.9193（1）
12	1.0000（1）	0.9916（5）	0.9773（5）	0.9627（5）	0.9243（4）	0.8850（4）
13	1.0000（1）	1.0000（1）	1.0000（1）	0.9955（2）	0.9578（2）	0.9190（2）
14	1.0000（1）	1.0000（1）	0.9979（3）	0.9729（4）	0.9202（5）	0.8659（5）

资料来源：作者计算所得。

表 4-21 差异模型的集聚结果

DMUs	目标 DMU														WACE	排序
	1	2	3	4	5	6	7	8	9	10	11	12	13	14		
	0. 1050	0. 0032	0. 0133	0. 1050	0. 1091	0. 0038	0. 0707	0. 0549	0. 0355	0. 0870	0. 1050	0. 0973	0. 1050	0. 1050		
1	0. 8684	0. 4501	0. 6225	0. 8684	0. 8492	0. 4726	0. 8108	0. 7881	0. 7031	0. 7512	0. 8684	0. 7713	0. 8684	0. 8684	0. 8260	10
2	0. 1719	0. 3379	0. 0472	0. 1719	0. 1735	0. 0247	0. 2479	0. 2724	0. 2808	0. 2058	0. 1719	0. 2025	0. 1719	0. 1719	0. 1910	14
3	0. 8826	0. 1942	0. 9475	0. 8826	0. 8844	0. 6898	0. 7232	0. 6833	0. 6225	0. 7846	0. 8826	0. 8072	0. 8826	0. 8826	0. 8332	8
4	0. 9581	0. 4259	0. 7034	0. 9581	0. 9413	0. 6973	0. 8228	0. 7850	0. 6991	0. 8113	0. 9581	0. 8341	0. 9581	0. 9581	0. 8969	6
5	0. 9653	0. 3658	1	0. 9653	1	1	0. 7704	0. 7359	0. 7778	1	0. 9653	1	0. 9653	0. 9653	0. 9409	4
6	0. 8818	0. 1108	0. 9563	0. 8818	0. 8780	0. 9766	0. 6615	0. 6084	0. 5099	0. 7176	0. 8818	0. 7478	0. 8818	0. 8818	0. 8090	11
7	0. 9211	0. 7781	0. 4773	0. 9211	0. 8795	0. 3382	1	1	0. 8395	0. 7808	0. 9211	0. 8012	0. 9211	0. 9211	0. 8909	7
8	0. 7813	0. 6114	0. 5162	0. 7813	0. 7703	0. 2924	0. 8458	0. 8588	0. 8208	0. 7532	0. 7813	0. 7631	0. 7813	0. 7813	0. 7800	13
9	0. 7855	0. 7278	0. 5076	0. 7855	0. 7889	0. 2677	0. 8782	0. 9072	0. 9477	0. 8375	0. 7855	0. 8369	0. 7855	0. 7855	0. 8084	12
10	0. 7821	0. 6354	0. 6520	0. 7821	0. 8250	0. 3564	0. 7780	0. 7944	1	1	0. 7821	0. 9719	0. 7821	0. 7821	0. 8284	9
11	1	1	0. 4287	1	1	0. 4418	1	1	1	1	1	1	1	1	0. 9901	2
12	0. 9462	0. 6336	0. 7500	0. 9462	0. 9602	0. 4395	0. 9362	0. 9395	0. 9998	1	0. 9462	1	0. 9462	0. 9462	0. 9527	3
13	1	0. 4257	1	1	1	0. 4555	1	1	1	0. 9843	1	1	1	1	0. 9945	1
14	1	0. 2277	1	1	1	1	0. 7795	0. 7275	0. 6478	0. 8569	1	0. 8838	1	1	0. 9305	5

资料来源：作者计算所得。

表 4-22 偏差模型的集聚结果

DMUs	目标 DMU														WACE	排序
	1	2	3	4	5	6	7	8	9	10	11	12	13	14		
	0. 1191	0. 0044	0. 0120	0. 1191	0. 1287	0. 0053	0. 0460	0. 0356	0. 0251	0. 0654	0. 1191	0. 0819	0. 1191	0. 1191		
1	0. 8684	0. 4501	0. 6225	0. 8684	0. 8492	0. 4726	0. 8108	0. 7881	0. 7031	0. 7512	0. 8684	0. 7713	0. 8684	0. 8684	0. 8337	9
2	0. 1719	0. 3379	0. 0472	0. 1719	0. 1735	0. 0247	0. 2479	0. 2724	0. 2808	0. 2058	0. 1719	0. 2025	0. 1719	0. 1719	0. 1851	14
3	0. 8826	0. 1942	0. 9475	0. 8826	0. 8844	0. 6898	0. 7232	0. 6833	0. 6225	0. 7846	0. 8826	0. 8072	0. 8826	0. 8826	0. 8459	8
4	0. 9581	0. 4259	0. 7034	0. 9581	0. 9413	0. 6973	0. 8228	0. 7850	0. 6991	0. 8113	0. 9581	0. 8341	0. 9581	0. 9581	0. 9104	6
5	0. 9653	0. 3658	1	0. 9653	1	1	0. 7704	0. 7359	0. 7778	1	0. 9653	1	0. 9653	0. 9653	0. 9509	3
6	0. 8818	0. 1108	0. 9563	0. 8818	0. 8780	0. 9766	0. 6615	0. 6084	0. 5099	0. 7176	0. 8818	0. 7478	0. 8818	0. 8818	0. 8283	10
7	0. 9211	0. 7781	0. 4773	0. 9211	0. 8795	0. 3382	1	1	0. 8395	0. 7808	0. 9211	0. 8012	0. 9211	0. 9211	0. 8920	7
8	0. 7813	0. 6114	0. 5162	0. 7813	0. 7703	0. 2924	0. 8458	0. 8588	0. 8208	0. 7532	0. 7813	0. 7631	0. 7813	0. 7813	0. 7767	13
9	0. 7855	0. 7278	0. 5076	0. 7855	0. 7889	0. 2677	0. 8782	0. 9072	0. 9477	0. 8375	0. 7855	0. 8369	0. 7855	0. 7855	0. 7998	12
10	0. 7821	0. 6354	0. 6520	0. 7821	0. 8250	0. 3564	0. 7780	0. 7944	1	1	0. 7821	0. 9719	0. 7821	0. 7821	0. 8186	11
11	1	1	0. 4287	1	1	0. 4418	1	1	1	1	1	1	1	1	0. 9901	2
12	0. 9462	0. 6336	0. 7500	0. 9462	0. 9602	0. 4395	0. 9362	0. 9395	0. 9998	1	0. 9462	1	0. 9462	0. 9462	0. 9501	4
13	1	0. 4257	1	1	1	0. 4555	1	1	1	0. 9843	1	1	1	1	0. 9935	1
14	1	0. 2277	1	1	1	1	0. 7795	0. 7275	0. 6478	0. 8569	1	0. 8838	1	1	0. 9489	5

资料来源：作者计算所得。

表 4-23 综合模型的集聚结果

DMUs	目标 DMU														WACE	排序
	1	2	3	4	5	6	7	8	9	10	11	12	13	14		
	0. 1149	0. 0040	0. 0125	0. 1149	0. 1223	0. 0047	0. 0529	0. 0410	0. 0282	0. 0723	0. 1149	0. 0875	0. 1149	0. 1149		
1	0. 8684	0. 4501	0. 6225	0. 8684	0. 8492	0. 4726	0. 8108	0. 7881	0. 7031	0. 7512	0. 8684	0. 7713	0. 8684	0. 8684	0. 8314	9
2	0. 1719	0. 3379	0. 0472	0. 1719	0. 1735	0. 0247	0. 2479	0. 2724	0. 2808	0. 2058	0. 1719	0. 2025	0. 1719	0. 1719	0. 1868	14
3	0. 8826	0. 1942	0. 9475	0. 8826	0. 8844	0. 6898	0. 7232	0. 6833	0. 6225	0. 7846	0. 8826	0. 8072	0. 8826	0. 8826	0. 8423	8
4	0. 9581	0. 4259	0. 7034	0. 9581	0. 9413	0. 6973	0. 8228	0. 7850	0. 6991	0. 8113	0. 9581	0. 8341	0. 9581	0. 9581	0. 9064	6
5	0. 9653	0. 3658	1	0. 9653	1	1	0. 7704	0. 7359	0. 7778	1	0. 9653	1	0. 9653	0. 9653	0. 9482	4
6	0. 8818	0. 1108	0. 9563	0. 8818	0. 8780	0. 9766	0. 6615	0. 6084	0. 5099	0. 7176	0. 8818	0. 7478	0. 8818	0. 8818	0. 8226	10
7	0. 9211	0. 7781	0. 4773	0. 9211	0. 8795	0. 3382	1	1	0. 8395	0. 7808	0. 9211	0. 8012	0. 9211	0. 9211	0. 8915	7
8	0. 7813	0. 6114	0. 5162	0. 7813	0. 7703	0. 2924	0. 8458	0. 8588	0. 8208	0. 7532	0. 7813	0. 7631	0. 7813	0. 7813	0. 7777	13
9	0. 7855	0. 7278	0. 5076	0. 7855	0. 7889	0. 2677	0. 8782	0. 9072	0. 9477	0. 8375	0. 7855	0. 8369	0. 7855	0. 7855	0. 8024	12
10	0. 7821	0. 6354	0. 6520	0. 7821	0. 8250	0. 3564	0. 7780	0. 7944	1	1	0. 7821	0. 9719	0. 7821	0. 7821	0. 8218	11
11	1	1	0. 4287	1	1	0. 4418	1	1	1	1	1	1	1	1	0. 9901	2
12	0. 9462	0. 6336	0. 7500	0. 9462	0. 9602	0. 4395	0. 9362	0. 9395	0. 9998	1	0. 9462	1	0. 9462	0. 9462	0. 9510	3
13	1	0. 4257	1	1	1	0. 4555	1	1	1	0. 9843	1	1	1	1	0. 9939	1
14	1	0. 2277	1	1	1	1	0. 7795	0. 7275	0. 6478	0. 8569	1	0. 8838	1	1	0. 9435	5

资料来源：作者计算所得。

算例 3：5 个决策单元的效率评估[47]。以 5 个决策单元为例，它们的生产活动是两个投入产出、一个标准化的产出，它们的投入产出数据及 CCR 值列于表 4-24，其中 4 个为 DEA 有效点。运用 DEA 交叉效率模型对它们进行进一步的区分和排序。表 4-25、表 4-26 分别列示了依据友善模型计算得出的生成交叉效率的权重体系及相应的交叉效率矩阵。从表 4-26 可以看出，只有决策单元 1（DMU_1）对决策单元 2（DMU_2）的评价优于决策单元 3（DMU_3），同时它对决策单元 4 和单元 5（DMU_4 和 DMU_5）给出了很低的效率评估。决策单元 1 对其他决策单元的效率评估严重有别于其他决策单元，对所有决策单元的效率评估分配相同的权重进行效率集聚是不合理的。下面将使用专家打分法来集聚交叉效率。如果把表 4-26 中的“目标决策单元”看作外部专家，则表 4-26 将转换成一个专家打分矩阵，列于表 4-27。标准化的专家特征属性值矩阵以及专家之间的欧式距离矩阵列于表 4-28、表 4-29，据此得出 5 个专家与其他专家的差异程度分别为 4.3410、2.0740、2.0740、2.4566、2.4566，依据 $\left(1-\lambda_i/\sum_{i=1}^{n}\lambda_i\right)/(n-1)$（其中，$\lambda_i$ 为第 i 个专家和其他专家的差异值，n 为专家总数）求得 5 个专家效率打分的权重分别为 0.1690、0.2113、0.2113、0.2042、0.2042；其中，第一个专家的效率打分设定的权重小于其他专家，这符合以上的直观分析和判断。

表 4-24　5 个决策单元的投入产出数据及 CCR 值

DMUs	投入 1	投入 2	产出	CCR 值
1	2	12	1	1
2	2	8	1	1
3	5	5	1	1
4	10	4	1	1
5	10	6	1	0.75

资料来源：作者计算所得。

表 4-25 依据友善模型计算得出的投入产出权重

DMUs	投入 1	投入 2	产出
1	0. 037037	0	0. 074074
2	0. 018519	0. 018519	0. 185185
3	0. 018519	0. 018519	0. 185185
4	0. 005747	0. 028736	0. 172414
5	0. 006098	0. 030488	0. 182927

资料来源：作者计算所得。

表 4-26 友善模型下的交叉效率矩阵及 ACE 值

DMUs	目标 DMU					均值	排序
	1	2	3	4	5		
1	1. 0000	0. 7143	0. 7143	0. 4839	0. 4839	0. 6793	4
2	1. 0000	1. 0000	1. 0000	0. 7143	0. 7143	0. 8857	1
3	0. 4000	1. 0000	1. 0000	1. 0000	1. 0000	0. 8800	2
4	0. 2000	0. 7143	0. 7143	1. 0000	1. 0000	0. 7257	3
5	0. 2000	0. 6250	0. 6250	0. 7500	0. 7500	0. 5900	5

资料来源：作者计算所得。

表 4-27 专家打分矩阵

专家	DMUs				
	1	2	3	4	5
1	1. 0000	1. 0000	0. 4000	0. 2000	0. 2000
2	0. 7143	1. 0000	1. 0000	0. 7143	0. 6250
3	0. 7143	1. 0000	1. 0000	0. 7143	0. 6250
4	0. 4839	0. 7143	1. 0000	1. 0000	0. 7500
5	0. 4839	0. 7143	1. 0000	1. 0000	0. 7500

资料来源：作者计算所得。

表 4-28 不同专家的标准化特征属性值

专家	特征属性				
	1	2	3	4	5
1	1.5050	0.7303	-1.7889	-1.6089	-1.7196
2	0.1643	0.7303	0.4472	-0.0350	0.1543
3	0.1643	0.7303	0.4472	-0.0350	0.1543
4	-0.9168	-1.0955	0.4472	0.8394	0.7055
5	-0.9168	-1.0955	0.4472	0.8394	0.7055

资料来源：作者计算所得。

表 4-29 5 个专家的欧式距离矩阵

专家	欧式距离				
	1	2	3	4	5
1	0.000	3.576	3.576	5.106	5.106
2	3.576	0.000	0.000	2.360	2.360
3	3.576	0.000	0.000	2.360	2.360
4	5.106	2.360	2.360	0.000	0.000
5	5.106	2.360	2.360	0.000	0.000

资料来源：作者计算所得。

依据以上的权重设置，可以计算得出 5 个决策单元最终的效率值，列于表 4-30，新的排序为 $DMU_3>DMU_2>DMU_4>DMU_1>DMU_5$，其中 DMU_3 和 DMU_2 的排序翻转了，这是考虑到不同交叉效率差异的结果，这一新的排序结果符合之前的直观判断和分析。表 4-31 和表 4-32 分别列示了依据有序加权平均算子方法（OWA）计算得出的用于交叉效率集聚的权重及相应的集聚结果，清晰地显示出决策者风险偏好水平的不同会导致不同的聚聚结果；此外，现实中也难以获取决策者真实的风险偏好水平。表 4-33 至表 4-35 列示了差异模型、偏差模型及综合模型的集聚结果，三者对决策单元的排序结果虽然一致，但是对决策单元的聚聚结果却出现了差异，同时三个模型的建模思想一致，彼此之间又无明显的优劣势之分，这就造成在三者中难以选择的难题，不便于使用。而本书给出的集聚方

法，对决策单元的评估结果是唯一的，也无须测度决策者的风险偏好水平，同时建模思路清晰、合理，便于理解，和现有的集聚方法相比有明显的优势，便于决策者使用。

表 4-30 依据专家打分法的交叉效率集聚结果

DMUs	目标 DMU					WACE	排序
	1	2	3	4	5		
	0.1690	0.2113	0.2113	0.2042	0.2042		
1	1.0000	0.7143	0.7143	0.4839	0.4839	0.6685	4
2	1.0000	1.0000	1.0000	0.7143	0.7143	0.8833	2
3	0.4000	1.0000	1.0000	1.0000	1.0000	0.8986	1
4	0.2000	0.7143	0.7143	1.0000	1.0000	0.7440	3
5	0.2000	0.6250	0.6250	0.7500	0.7500	0.6042	5

资料来源：作者计算所得。

表 4-31 OWA 方法下用于集聚交叉效率的权重

排序	决策者的风险偏好水平					
	α=1	α=0.9	α=0.8	α=0.7	α=0.6	α=0.5
1	1	0.6333	0.4600	0.3600	0.28	0.2
2	0	0.3333	0.3200	0.2800	0.24	0.2
3	0	0.0333	0.1800	0.2000	0.20	0.2
4	0	0	0.0400	0.1200	0.16	0.2
5	0	0	0	0.0400	0.12	0.2

资料来源：作者计算所得。

表 4-32 OWA 方法下交叉效率集聚结果

DMUs	决策者的风险偏好水平					
	α=1	α=0.9	α=0.8	α=0.7	α=0.6	α=0.5
1	1.0000（1）	0.8875（4）	0.8365（4）	0.7803（4）	0.7298（4）	0.6793（4）
2	1.0000（1）	1.0000（1）	0.9886（2）	0.9543（2）	0.9200（2）	0.8857（1）

续表

DMUs	决策者的风险偏好水平					
	α=1	α=0.9	α=0.8	α=0.7	α=0.6	α=0.5
3	1.0000 (1)	1.0000 (1)	1.0000 (1)	0.9760 (1)	0.9280 (1)	0.8800 (2)
4	1.0000 (1)	0.9904 (3)	0.9371 (3)	0.8766 (3)	0.8011 (3)	0.7257 (3)
5	0.7500 (5)	0.7458 (5)	0.7225 (5)	0.6880 (5)	0.6390 (5)	0.5900 (5)

资料来源：作者计算所得。

表 4-33　差异模型的集聚结果

DMUs	目标 DMU					WACE	排序
	1	2	3	4	5		
	0.0219	0.3639	0.3639	0.1252	0.1252		
1	1.0000	0.7143	0.7143	0.4839	0.4839	0.6629	4
2	1.0000	1.0000	1.0000	0.7143	0.7143	0.9285	2
3	0.4000	1.0000	1.0000	1.0000	1.0000	0.9869	1
4	0.2000	0.7143	0.7143	1.0000	1.0000	0.7746	3
5	0.2000	0.6250	0.6250	0.7500	0.7500	0.6470	5

资料来源：作者计算所得。

表 4-34　偏差模型的集聚结果

DMUs	目标 DMU					WACE	排序
	1	2	3	4	5		
	0.0434	0.3259	0.3159	0.1624	0.1624		
1	1.0000	0.7143	0.7143	0.4839	0.4839	0.6519	4
2	1.0000	1.0000	1.0000	0.7143	0.7143	0.9072	2
3	0.4000	1.0000	1.0000	1.0000	1.0000	0.9740	1
4	0.2000	0.7143	0.7143	1.0000	1.0000	0.7848	3
5	0.2000	0.6250	0.6250	0.7500	0.7500	0.6472	5

资料来源：作者计算所得。

表 4-35 综合模型的集聚结果

DMUs	目标 DMU					WACE	排序
	1	2	3	4	5		
	0.0361	0.3280	0.3280	0.1539	0.1539		
1	1.0000	0.7143	0.7143	0.4839	0.4839	0.6537	4
2	1.0000	1.0000	1.0000	0.7143	0.7143	0.9121	2
3	0.4000	1.0000	1.0000	1.0000	1.0000	0.9784	1
4	0.2000	0.7143	0.7143	1.0000	1.0000	0.7837	3
5	0.2000	0.6250	0.6250	0.7500	0.7500	0.6481	5

资料来源：作者计算所得。

4.4 使用主成分分析方法集聚交叉效率

前文提出的基于专家打分法的交叉效率集聚方法中，对不同专家效率“打分”的权重设置是基于他们之间的差异程度，和其他专家差异程度较大的专家，相应地，其效率“打分”权重较小，这一处理方式只是基于一般的常识判断，缺乏严谨的理论依据。为了克服其不足及现有交叉效率集聚方法存在的不足，本书提出使用主成分分析（PCA）方法进行交叉效率集聚。该方法把交叉效率矩阵中每个决策单元的 n 个效率值看作它们的 n 个属性指标值，而后就可以使用主成分分析方法来对它们进行集聚。在使用该方法集聚交叉效率时，关键问题是如何把交叉效率转变为指标值。

4.4.1 交叉效率向指标值的转变

如果我们把决策单元在某一组特定权重体系计算得出的交叉效率看作其在某个属性或指标上的取值，则交叉效率矩阵就会转换为一个 n 个决策单元在不同指标上的取值矩阵，如表 4-36 所示。由于不同属性或指标在系统中扮演不同的角色，它们理应被区别对待，在对它们进行集聚时要对它们赋予不同的权重。在此情形下，对交叉效率集聚的问题就转换为对不同指标进行集聚的问题。目前，对不同指标进行集聚的方法有很多，大致可以分为两类：一类为定性方法，如专家打分法、Delphi 法、层次分析方法（AHP）等；另一类为定量方法，如灰色关联分析法、主成分分析法、熵权法等。相较于其他方法，主成分分析方法由于具有众多优势如可以提取出系统中的关键因素等，常被用于多元分析中，本书使用其对交叉效率进行集聚。

表 4-36　决策单元的属性值

DMUs	属性			
	1	2	…	n
1	θ_{11}	θ_{12}	…	θ_{1n}
2	θ_{21}	θ_{22}	…	θ_{2n}
⋮	⋮	⋮	⋮	⋮
n	θ_{n1}	θ_{n2}	…	θ_{nn}

主成分分析，也称主分量分析或矩阵数据分析，是统计分析常用到的一种重要方法，在系统评价、故障诊断、质量管理和发展对策等许多方面都有应用。它利用数理统计方法找出系统中的主要因素和各因素之间的相互关系，由于系统的相互关联性，当出现异常情况时或对系统进行分析时，抓住几个主要参数，就能把握系统的全局。这几个参数就是系统的主要关键要素。

主成分分析方法的计算原理是把众多线性相关的指标转换为少数线性无关的综合指标；能反映系统信息量最大的综合指标为第一主成分，其次为第二主成分，主成分之间互不相关。主成分是通过坐标系的转换获得的，转换后的坐标系是正交的，如果 n 个样本点在新坐标系的某个方向上分布较为零散，则此方向轴可以作为第一主成分，因为它反映了系统信息量的绝大部分。系统信息量的程度可以用 n 个样本点在此方向轴上的方差与 n 个样本点在全部方向轴上的总方差的比值来表示。主成分个数的决定方法有两种：一种是按需要反映系统全部信息的比重来决定，一般要求为0.6~0.8，即选择出的主成分个数反映系统总信息量的60%~80%，允许的信息缺失控制在0.2~0.4；另一种方法为选择出所有方差大于1的主成分。主成分个数选取后，依据它们反映系统信息的程度，给定它们的权重，据此可以实现对多元指标的集聚，实现对不同样本点的评价。

4.4.2 使用主成分分析方法集聚交叉效率的步骤

交叉效率矩阵转变为 n 个决策单元在 n 个属性指标的取值矩阵之后，我们就可以使用主成分分析方法（PCA）来对它们进行集聚，下面主要论述使用计算软件 SPSS 进行主成分分析的步骤：

第一，对指标值进行标准化处理。设有 n 个样本，每个样本都可用两个指标 x_1^0 和 x_2^0 表示。将原始指标数据进行标准化处理后，可以消除不同指标不同量纲引起的不可比性。例如，第 k 个样本的两个指标的原始数据为 x_{1k}^0 和 x_{2k}^0，经过标准化处理后，其标准化的参数为：

$$x_{ik}=\frac{x_{ik}^0-\bar{x}_i}{\sigma_i}\quad i=1,\ 2;\ k=1,\ 2,\ \cdots,\ n$$

其中，

$$\bar{x}_i=\frac{1}{n}\sum_{k=1}^{n}x_{ik}^0\quad \sigma_i^2=\frac{1}{n-1}\sum_{k=1}^{n}(x_{ik}^0-\bar{x}_i)^2$$

标准化后的参数具有以下性质：

$$\sum_{k=1}^{n}x_{ik}=0\quad \sum_{k=1}^{n}\frac{x_{ik}^2}{(n-1)}=1$$

即标准化的变量的均值为0，方差为1。

第二，计算指标之间的相关矩阵 R。假定 x 为已标准化的样本数据矩阵，对于 n 个样本，x 矩阵可表示为：

$$x=\begin{bmatrix} x_{11} & x_{12} & \cdots & x_{1n} \\ x_{21} & x_{22} & \cdots & x_{2n} \\ \vdots & \vdots & \ddots & \vdots \\ x_{p1} & x_{p2} & \cdots & x_{pn} \end{bmatrix}$$

定义样本的相关系数矩阵 R，则

$$R=\frac{1}{n-1}xx'=\begin{bmatrix} r_{11} & r_{12} & \cdots & r_{1p} \\ r_{21} & r_{22} & \cdots & r_{2p} \\ \vdots & \vdots & \ddots & \vdots \\ r_{p1} & r_{p2} & \cdots & r_{pp} \end{bmatrix}$$

其中 R 矩阵中的元素 r_{ij} 与样本的方差和协方差有关，即

$$r_{ij}=\frac{1}{n-1}\sum_{k=1}^{n}x_{ik}x_{jk} \quad i,\ j=1,\ 2,\ \cdots,\ p$$

第三，求解相关矩阵 R 的特征值以及主成分与原始指标之间的因子载荷矩阵。相关系数矩阵 R 的特征根可以由下式求得。

$$\begin{bmatrix} r_{11}-\lambda & r_{12} & \cdots & r_{1p} \\ r_{21} & r_{22}-\lambda & \cdots & r_{2p} \\ \vdots & \vdots & \ddots & \vdots \\ r_{p1} & r_{p2} & \cdots & r_{pp}-\lambda \end{bmatrix}=0$$

即

$$|R-\lambda I|=0$$

求出的 p 个特征根满足以下关系：

$$\lambda_1>\lambda_2>\cdots>\lambda_p\geqslant 0$$

$$\lambda_1+\lambda_2+\cdots+\lambda_p=p$$

其中，λ_j 表示第 j 个主成分的方差。

第四，依据主成分的特征根是否大于 1 确定主成分的个数。

第五，依据因子载荷矩阵和主成分的特征根确定主成分的表达式。

第六，依据主成分的方差贡献率得出综合评价函数。

第七，依据综合评价函数得出各个评价对象的得分，给出评价的结果。

4.4.3 算例分析

本部分使用三个算例详细说明如何使用主成分分析方法集聚交叉效率，以及相较于现有交叉效率集聚方法的优势。

算例 1：5 个决策单元的效率评估[47]。以 5 个决策单元为例，它们的投入产出数据及 CCR 值列于表 4-24，显示出它们中的 4 个为 DEA 有效。表 4-25 和表 4-26 分别列示了基于友善模型得出的用于交叉效率计算的权重体系及相应的交叉效率矩阵。如果把决策单元依据一组权重体系计算得出的交叉效率看作决策单元在某个属性或指标上的取值，则表 4-26 的交叉效率矩阵就会转换为 n 个决策单元在不同属性上的取值矩阵，列于表 4-37。由于不同属性反映系统信息的不同侧面，理应区别对待，对它们不加区分地进行等权处理往往是不合理的。对于表 4-37 中的原始数据，可以依据 SPSS 计算软件求得它们的标准化值，以及属性（指标）之间的相关矩阵 R（见表 4-38）；紧接着可以求出 R 的特征值及主成分与原始属性之间的因子载荷矩阵（见表 4-39）。从相关矩阵 R 可以看出，属性之间存在较高的相关性，本算例适合运用主成分分析方法。依据主成分的特征根是否大于 1 的选择原则，选取了两个主成分 F_1、F_2，它们的特征根分别为 2.718、2.232。通过因子载荷矩阵和两个主成分的特征根，可求得两个主成分的表达式。主成分 F_i 对原始属性（指标）x_i 的系数为 $V/\sqrt{\lambda_i}$（其中，V 是主成分 F_i 对原始属性 x_i 的因子载荷，λ_i 是主成分 F_i 的特征根），据此求得两个主成分的表达式：$F_1=-0.4076x_1+0.2384x_2+0.2384x_3+0.5999x_4+0.5999x_5$，$F_2=0.4826x_1+0.6145x_2+0.6145x_3-0.0803x_4-0.0803x_5$。

表 4-37　决策单元在 5 个属性（指标）上的取值

DMUs	指标				
	x_1	x_2	x_3	x_4	x_5
1	1.0000	0.7143	0.7143	0.4839	0.4839
2	1.0000	1.0000	1.0000	0.7143	0.7143
3	0.4000	1.0000	1.0000	1.0000	1.0000
4	0.2000	0.7143	0.7143	1.0000	1.0000
5	0.2000	0.6250	0.6250	0.7500	0.7500

资料来源：作者计算所得。

表 4-38　5 个属性（指标）的相关矩阵

指标	x_1	x_2	x_3	x_4	x_5
x_1	1.000	0.387	0.387	-0.737	-0.737
x_2	0.387	1.000	1.000	0.274	0.274
x_3	0.387	1.000	1.000	0.274	0.274
x_4	-0.737	0.274	0.274	1.000	1.000
x_5	-0.737	0.274	0.274	1.000	1.000

资料来源：作者计算所得。

表 4-39　两个主成分的因子载荷矩阵

指标	主成分	
	1	2
x_1	-0.672	0.721
x_2	0.393	0.918
x_3	0.393	0.918
x_4	0.989	-0.120
x_5	0.989	-0.120

资料来源：作者计算所得。

两个主成分各自的方差贡献率分别为 0.54361 和 0.44647，据此可以得出决策单元最终评估结果（WACE）的计算公式，$WACE=0.54361F_1+0.44647F_2$。各

个决策单元最终的交叉效率值及排序结果列于表 4-40（对表中的变量即交叉效率数据进行了标准化处理）。从主成分分析方法给出的最终评估结果和排序结果可以看出，和基于等权方法得出的结果之间存在显著的差异，表明在进行交叉效率集聚时，考虑它们的差异性会对最终的评估结果产生显著影响，其中 DMU_2 和 DMU_3 的排序翻转了，DMU_1 和 DMU_5 的排序也翻转了。表 4-32 列示了依据有序加权平均算子方法（OWA）的集聚结果，显示出不同的决策者风险偏好水平会导致集聚结果的差异化；此外，现实中也难以获取决策者真实的风险偏好水平。表 4-33 至表 4-35 列示了差异模型、偏差模型及综合模型的集聚结果，显示出现了差异；并且三者的建模思路一致，彼此缺乏区分度，不便于使用。而基于主成分分析方法得出的最终评估结果和排序结果是唯一和固定的，也无须测度决策者的风险偏好，同时建模思路清晰、合理，便于理解，和现有的集聚方法相比有明显的优势，便于决策者使用；权重的确定相较于专家打分法也有了更加严谨的理论依据。

表 4-40　依据主成分分析方法的交叉效率集聚和排序结果

DMUs	x_1	x_2	x_3	x_4	x_5	F_1	F_2	WACE	排序
1	1. 0735	-0. 5460	-0. 5460	-1. 4057	-1. 4057	-2. 3845	0. 0728	-1. 2637	5
2	1. 0735	1. 0719	1. 0719	-0. 3464	-0. 3464	-0. 3421	1. 8911	0. 6584	2
3	-0. 3904	1. 0719	1. 0719	0. 9672	0. 9672	1. 8307	0. 9736	1. 4299	1
4	-0. 8783	-0. 5460	-0. 5460	0. 9672	0. 9672	1. 2581	-1. 2502	0. 1257	3
5	-0. 8783	-1. 0517	-1. 0517	-0. 1823	-0. 1823	-0. 3622	-1. 6871	-0. 9501	4

资料来源：作者计算所得。

算例 2：7 个学院的效率评估[144]。以 7 个学院为例它们的投入产出数据及 CCR 值列于表 3-1，显示出它们中的 6 个为 DEA 有效，CCR 模型无法对它们进行进一步的区分和排序。使用 DEA 交叉效率模型，可以很好地解决这一问题，表 3-3 列示了友善模型下的 7 个决策单元的交叉效率矩阵，如果把决策单元在某一固定权重体系下的效率值看作其在某个属性（指标或变量）上的取值，则

表 3-3 中的交叉效率矩阵就会转换为 7 个学院在 7 个指标上的取值矩阵，如表 4-41 所示。下面使用主成分分析方法对它们进行集聚，使用 SPSS 软件计算求得 7 个指标（变量）的相关矩阵 R（见表 4-42），很清晰地看到，7 个指标之间存在较高的相关性，适宜使用主成分分析方法。依据相关矩阵 R 可以求解出该矩阵的特征值，依据主成分的特征根是否大于 1 的原则抽取特定的主成分，据此抽出两个主成分 F_1 和 F_2，它们的特征根分别为 5.011 和 1.288，同时也会得到抽取的主成分对原有属性（指标或变量）的因子载荷矩阵（见表 4-43）。依据各自的特征值和对原始变量的因子载荷矩阵可以得出，两个主成分的表达式分别为：$F_1=0.4449x_1+0.4378x_2+0.0643x_3+0.1979x_4+0.4146x_5+0.4449x_6+0.4449x_7$，$F_2=0.0661x_1-0.1234x_2+0.7296x_3-0.6520x_4+0.1172x_5+0.0661x_6+0.0661x_7$。

表 4-41　决策单元在 7 个属性上的取值

DMUs	属性（指标）						
	x_1	x_2	x_3	x_4	x_5	x_6	x_7
1	1.0000	0.9219	1.0000	0.6875	1.0000	1.0000	1.0000
2	0.9812	1.0000	0.8510	1.0000	0.8461	0.9812	0.9812
3	0.7690	0.7719	1.0000	0.7349	0.6651	0.7690	0.7690
4	0.6411	0.7013	0.4542	0.8197	0.4135	0.6411	0.6411
5	0.9382	0.8990	0.4950	0.7650	1.0000	0.9382	0.9382
6	1.0000	1.0000	1.0000	0.9506	0.9104	1.0000	1.0000
7	1.0000	1.0000	0.2941	1.0000	1.0000	1.0000	1.0000

资料来源：作者计算所得。

表 4-42　7 个属性（指标）的相关矩阵

指标	x_1	x_2	x_3	x_4	x_5	x_6	x_7
x_1	1.000	0.959	0.182	0.362	0.946	1.000	1.000
x_2	0.959	1.000	0.100	0.608	0.842	0.959	0.959
x_3	0.182	0.100	1.000	-0.279	0.064	0.182	0.182
x_4	0.362	0.608	-0.279	1.000	0.147	0.362	0.362
x_5	0.946	0.842	0.064	0.147	1.000	0.946	0.946

续表

指标	x_1	x_2	x_3	x_4	x_5	x_6	x_7
x_6	1.000	0.959	0.182	0.362	0.946	1.000	1.000
x_7	1.000	0.959	0.182	0.362	0.946	1.000	1.000

资料来源：作者计算所得。

表 4-43 主成分的因子载荷矩阵

指标	主成分	
	1	2
x_1	0.996	0.075
x_2	0.980	-0.141
x_3	0.144	0.830
x_4	0.442	-0.741
x_5	0.928	0.132
x_6	0.996	0.075
x_7	0.996	0.075

资料来源：作者计算所得。

依据两个主成分各自的方差贡献率（0.72 和 0.18），可以得出每个决策单元最终的效率值为 $WACE=0.72F_1+0.18F_2$。据此可以得出，7 个决策单元（学院）的最终效率值为 1.10、0.89、-1.35、-3.08、0.323、1.20、0.92，列于表 4-44（表中的数据已对交叉效率做了标准化处理）。从表 4-44 中可以看出和 ACE 的评估结果出现了显著差异，表明在交叉效率集聚中考虑不同交叉效率的差异性会对最终的评估结果造成重大影响。表 4-10、表 4-11 分别列示了依据有序加权平均算子方法（OWA）进行交叉效率集聚的权重及相应的评估结果，清楚地显示了决策者（DM）的不同风险偏好水平会导致不同的评估结果，但现实中难以测量决策者真实的风险偏好水平。表 4-12 至表 4-14 列示了差异模型、偏差模型及综合模型对决策单元的集聚和排序结果，显示出现了差异，三个模型的建模思路一致，彼此之间又无明显的优劣势之分，这就造成在三者中难以选择的难题，不便于使用。而本书给出的集聚方法，对决策单元的评估结果是唯一的，也无须测度决策者的风险偏好，同时建模思路清晰、合理，便于理解，和现有的集聚方法相比有明显的优势，便于决策者使用；权重的确定相较于“专家打分法”也有了更加严谨的理论依据。

表 4-44 依据主成分分析方法的交叉效率集聚和排序结果

DMUs	x_1	x_2	x_3	x_4	x_5	x_6	x_7	F_1	F_2	WACE	排序
1	0.67	0.19	0.89	-1.25	0.75	0.67	0.67	1.10	1.67	1.10	2
2	0.54	0.84	0.41	1.14	0.06	0.54	0.54	1.36	-0.44	0.89	4
3	-0.95	-1.06	0.89	-0.89	-0.76	-0.95	-0.95	-2.16	1.09	-1.35	6
4	-1.84	-1.65	-0.90	-0.24	-1.90	-1.84	-1.84	-4.07	-0.88	-3.08	7
5	0.24	-0.01	-0.77	-0.66	0.76	0.24	0.24	0.45	0.005	0.323	5
6	0.67	0.84	0.89	0.76	0.35	0.67	0.67	1.62	0.23	1.20	1
7	0.67	1.84	-1.43	1.13	0.75	0.67	0.67	1.71	-1.67	0.92	3

资料来源：作者计算所得。

算例 3：14 个航空公司的效率评估[145]。以 14 个航空公司为例，把决策单元依据某一特定权重体系得出的效率值看作它们在某一属性（指标）上的取值，那么依据交叉效率友善模型得出的交叉效率矩阵就会转换为各个决策单元在 14 个属性（指标）上的取值矩阵（见表 4-45）。标准化取值后的数据如表 4-46 所示，使用 SPSS 软件可以计算得出它们的相关系数矩阵，如表 4-47 所示，很清晰地看到，14 个指标之间存在较高的相关性，适宜使用主成分分析方法。使用 SPSS 软件可以抽取出它们的主成分，依据主成分的特征值是否大于 1 的原则来确定主成分的数量，据此抽取出两个主成分 F_1 和 F_2，它们的特征值分别为 10.407 和 2.917，它们占总方差的比值分别为 74.335%和 20.834%，累计方差占比为 95.169%。两个主成分与原始指标之间的因子载荷矩阵列于表 4-48。依据因子载荷矩阵和两个主成分的特征值，可以得出两个主成分与原始变量的表达式，分别为：$F_1=0.30x_1+0.08x_2+0.21x_3+0.30x_4+0.31x_5+0.16x_6+0.28x_7+0.26x_8+0.23x_9+0.29x_{10}+0.30x_{11}+0.30x_{12}+0.30x_{13}+0.30x_{14}$，$F_2=-0.08x_1+0.55x_2-0.39x_3-0.08x_4-0.08x_5-0.48x_6+0.23x_7+0.30x_8+0.36x_9+0.08x_{10}-0.08x_{11}+0.05x_{12}-0.08x_{13}-0.08x_{14}$。

表 4-45 决策单元在 14 个指标上的取值

DMUs	指标													
	x_1	x_2	x_3	x_4	x_5	x_6	x_7	x_8	x_9	x_{10}	x_{11}	x_{12}	x_{13}	x_{14}
1	0. 8684	0. 4501	0. 6225	0. 8684	0. 8492	0. 4726	0. 8108	0. 7881	0. 7031	0. 7512	0. 8684	0. 7713	0. 8684	0. 8684
2	0. 1719	0. 3379	0. 0472	0. 1719	0. 1735	0. 0247	0. 2479	0. 2724	0. 2808	0. 2058	0. 1719	0. 2025	0. 1719	0. 1719
3	0. 8826	0. 1942	0. 9475	0. 8826	0. 8844	0. 6898	0. 7232	0. 6833	0. 6225	0. 7846	0. 8826	0. 8072	0. 8826	0. 8826
4	0. 9581	0. 4259	0. 7034	0. 9581	0. 9413	0. 6973	0. 8228	0. 7850	0. 6991	0. 8113	0. 9581	0. 8341	0. 9581	0. 9581
5	0. 9653	0. 3658	1	0. 9653	1	1	0. 7704	0. 7359	0. 7778	1	0. 9653	1	0. 9653	0. 9653
6	0. 8818	0. 1108	0. 9563	0. 8818	0. 8780	0. 9766	0. 6615	0. 6084	0. 5099	0. 7176	0. 8818	0. 7478	0. 8818	0. 8818
7	0. 9211	0. 7781	0. 4773	0. 9211	0. 8795	0. 3382	1	1	0. 8395	0. 7808	0. 9211	0. 8012	0. 9211	0. 9211
8	0. 7813	0. 6114	0. 5162	0. 7813	0. 7703	0. 2924	0. 8458	0. 8588	0. 8208	0. 7532	0. 7813	0. 7631	0. 7813	0. 7813
9	0. 7855	0. 7278	0. 5076	0. 7855	0. 7889	0. 2677	0. 8782	0. 9072	0. 9477	0. 8375	0. 7855	0. 8369	0. 7855	0. 7855
10	0. 7821	0. 6354	0. 6520	0. 7821	0. 8250	0. 3564	0. 7780	0. 7944	1	1	0. 7821	0. 9719	0. 7821	0. 7821
11	1	1	0. 4287	1	1	0. 4418	1	1	1	1	1	1	1	1
12	0. 9462	0. 6336	0. 7500	0. 9462	0. 9602	0. 4395	0. 9362	0. 9395	0. 9998	1	0. 9462	1	0. 9462	0. 9462
13	1	0. 4257	1	1	1	0. 4555	1	1	1	0. 9843	1	1	1	1
14	1	0. 2277	1	1	1	1	0. 7795	0. 7275	0. 6478	0. 8569	1	0. 8838	1	1

资料来源：作者计算所得。

表 4-46　决策单元在 14 个指标上的标准化取值

DMUs	指标													
	x_1	x_2	x_3	x_4	x_5	x_6	x_7	x_8	x_9	x_{10}	x_{11}	x_{12}	x_{13}	x_{14}
1	0. 0720	−0. 1789	−0. 2273	0. 0720	−0. 0208	−0. 1993	0. 0361	−0. 0246	−0. 3333	−0. 3332	0. 0720	−0. 2857	0. 0720	0. 0720
2	−3. 2188	−0. 6300	−2. 2758	−3. 2188	−3. 2156	−1. 6942	−2. 8968	−2. 6751	−2. 2935	−2. 9656	−3. 2188	−3. 0549	−3. 2188	−3. 2188
3	0. 1391	−1. 2077	0. 9300	0. 1391	0. 1457	0. 5256	−0. 4204	−0. 5633	−0. 7075	−0. 1720	0. 1391	−0. 1109	0. 1391	0. 1391
4	0. 4958	−0. 2762	0. 0608	0. 4958	0. 4147	0. 5506	0. 0986	−0. 0406	−0. 3519	−0. 0431	0. 4958	0. 0200	0. 4958	0. 4958
5	0. 5298	−0. 5178	1. 1169	0. 5298	0. 6922	1. 5609	−0. 1744	−0. 2929	0. 0134	0. 8677	0. 5298	0. 8277	0. 5298	0. 5298
6	0. 1353	−1. 5430	0. 9613	0. 1353	0. 1154	1. 4828	−0. 7418	−0. 9482	−1. 2301	−0. 4953	0. 1353	−0. 4001	0. 1353	0. 1353
7	0. 3210	1. 1397	−0. 7443	0. 3210	0. 1225	−0. 6479	1. 0219	1. 0644	0. 2998	−0. 1903	0. 3210	−0. 1401	0. 3210	0. 3210
8	−0. 3395	0. 4696	−0. 6058	−0. 3395	−0. 3938	−0. 8008	0. 2184	0. 3387	0. 2130	−0. 3235	−0. 3395	−0. 3256	−0. 3395	−0. 3395
9	−0. 3197	0. 9375	−0. 6364	−0. 3197	−0. 3059	−0. 8832	0. 3872	0. 5875	0. 8020	0. 0834	−0. 3197	0. 0337	−0. 3197	−0. 3197
10	−0. 3358	0. 5661	−0. 1223	−0. 3358	−0. 1352	−0. 5872	−0. 1348	0. 0078	1. 0448	0. 8677	−0. 3358	0. 6909	−0. 3358	−0. 3358
11	0. 6938	2. 0318	−0. 9174	0. 6938	0. 6922	−0. 3021	1. 0219	1. 0644	1. 0448	0. 8677	0. 6938	0. 8277	0. 6938	0. 6938
12	0. 4396	0. 5588	0. 2267	0. 4396	0. 5041	−0. 3098	0. 6894	0. 7535	1. 0439	0. 8677	0. 4396	0. 8277	0. 4396	0. 4396
13	0. 6938	−0. 2770	1. 1169	0. 6938	0. 6922	−0. 2564	1. 0219	1. 0644	1. 0448	0. 7919	0. 6938	0. 8277	0. 6938	0. 6938
14	0. 6938	−1. 0730	1. 1169	0. 6938	0. 6922	1. 5609	−0. 1270	−0. 3361	−0. 5900	0. 1770	0. 6938	0. 2620	0. 6938	0. 6938

资料来源：作者计算所得。

表 4-47 14 个指标的相关系数矩阵

指标	x_1	x_2	x_3	x_4	x_5	x_6	x_7	x_8	x_9	x_{10}	x_{11}	x_{12}	x_{13}	x_{14}
x_1	1. 000	0. 128	0. 724	1. 000	0. 995	0. 609	0. 841	0. 757	0. 603	0. 866	1. 000	0. 901	1. 000	1. 000
x_2	0. 128	1. 000	-0. 521	0. 128	0. 119	-0. 573	0. 569	0. 659	0. 706	0. 346	0. 128	0. 311	0. 128	0. 128
x_3	0. 724	-0. 521	1. 000	0. 724	0. 750	0. 835	0. 337	0. 228	0. 173	0. 601	0. 724	0. 638	0. 724	0. 724
x_4	1. 000	0. 128	0. 724	1. 000	0. 995	0. 609	0. 841	0. 757	0. 603	0. 866	1. 000	0. 901	1. 000	1. 000
x_5	0. 995	0. 119	0. 750	0. 995	1. 000	0. 626	0. 823	0. 741	0. 625	0. 901	0. 995	0. 931	0. 995	0. 995
x_6	0. 609	-0. 573	0. 835	0. 609	0. 626	1. 000	0. 098	-0. 037	-0. 149	0. 380	0. 609	0. 422	0. 609	0. 609
x_7	0. 841	0. 569	0. 337	0. 841	0. 823	0. 098	1. 000	0. 989	0. 866	0. 830	0. 841	0. 844	0. 841	0. 841
x_8	0. 757	0. 659	0. 228	0. 757	0. 741	-0. 037	0. 989	1. 000	0. 908	0. 797	0. 757	0. 803	0. 757	0. 757
x_9	0. 603	0. 706	0. 173	0. 603	0. 625	-0. 149	0. 866	0. 908	1. 000	0. 850	0. 603	0. 827	0. 603	0. 603
x_{10}	0. 866	0. 346	0. 601	0. 866	0. 901	0. 380	0. 830	0. 797	0. 850	1. 000	0. 866	0. 997	0. 866	0. 866
x_{11}	1. 000	0. 128	0. 724	1. 000	0. 995	0. 609	0. 841	0. 757	0. 603	0. 866	1. 000	0. 901	1. 000	1. 000
x_{12}	0. 901	0. 311	0. 638	0. 901	0. 931	0. 422	0. 844	0. 803	0. 827	0. 997	0. 901	1. 000	0. 901	0. 901
x_{13}	1. 000	0. 128	0. 724	1. 000	0. 995	0. 609	0. 841	0. 757	0. 603	0. 866	1. 000	0. 901	1. 000	1. 000
x_{14}	1. 000	0. 128	0. 724	1. 000	0. 995	0. 609	0. 841	0. 757	0. 603	0. 866	1. 000	0. 901	1. 000	1. 000

资料来源：作者计算所得。

表 4-48　两个主成分与原始变量的因子载荷矩阵

变量	主成分	
	1	2
x_1	0. 983	-0. 134
x_2	0. 245	0. 931
x_3	0. 679	-0. 665
x_4	0. 983	-0. 134
x_5	0. 988	-0. 145
x_6	0. 504	-0. 820
x_7	0. 894	0. 398
x_8	0. 831	0. 520
x_9	0. 735	0. 609
x_{10}	0. 937	0. 129
x_{11}	0. 983	-0. 134
x_{12}	0. 960	0. 086
x_{13}	0. 983	-0. 134
x_{14}	0. 983	-0. 134

资料来源：作者计算所得。

据此可以求得各个决策单元的两个主成分数值，把两个主成分各自的方差在总方差中的占比设定为各自的权重，可以求得各个决策单元最终的平均效率值，如表 4-49 所示。表 4-19 和表 4-20 分别列示了基于有序加权平均算子（OWA）方法得出用于交叉效率集聚的权重，以及最终的效率评价结果，清楚地显示出不同的决策者风险偏好水平会导致不同的效率评估结果；但现实中难以测量决策者真实的风险偏好水平。表 4-21 至表 4-23 列示了差异模型、偏差模型及综合模型对它们的集聚和排序结果，显示出现了差异，三个模型的建模思路一致，彼此之间又无明显的优劣势之分，这就造成在三者中难以选择的难题，不便于使用。而本书给出的集聚方法，对决策单元的评估结果是唯一的，也无须测度决策者的风险偏好水平，同时建模思路清晰、合理，便于理解，和现有的集聚方法相比有明显的优势，便于决策者使用；权重的确定相较于专家打分法也有了更加严谨的理论依据。

表 4-49　决策单元在两个主成分上的得分和最终效率值

DMUs	F_1	F_2	WACE	排序
1	-0.2434	-0.0975	-0.2013	10
2	-10.4625	0.2069	-7.7342	14
3	-0.0630	-1.8801	-0.4386	12
4	0.8900	-0.7859	0.4979	7
5	1.8362	-1.7511	1.0001	5
6	-0.4345	-2.9485	-0.9373	13
7	0.8834	1.7333	1.0178	4
8	-0.8493	1.2322	-0.3746	11
9	-0.3058	1.8977	0.1680	9
10	0.0330	1.2258	0.2799	8
11	2.4759	2.3208	2.3240	1
12	1.9866	1.0197	1.6892	3
13	2.7140	0.2430	2.0681	2
14	1.5393	-2.4164	0.6408	6

资料来源：作者计算所得。

4.5　本章小结

本章聚焦交叉效率集聚问题，提出了使用专家打分法及主成分分析方法对交叉效率进行集聚。相较于现有的交叉效率集聚方法，两者均考虑了不同交叉效率之间的差异性，使最终的交叉效率值与权重之间产生了联系，建模思路清晰、合理，便于理解，给出了交叉效率要进行非等权集聚的具体直观原因；同时集聚结果也是唯一的，无须对决策者（DM）的风险偏好进行度量，和现有的集聚方法相比有明显的优势，便于决策者使用。使用主成分分析方法计算得出的权重，相较于专家打分法理论依据更加严谨。

5 中国不同行政区域可持续发展水平的 DEA 交叉效率模型测度

本书的第 3 章和第 4 章分别对 DEA 交叉效率模型的两大理论问题，即交叉效率非唯一性问题及交叉效率集聚问题展开研究，本章是理论应用部分，把以上理论研究成果以测度我国不同行政区域的可持续发展水平为例，应用到可持续发展综合评价问题中，同时也可以进一步检验理论研究模型的有效性和实际应用价值。

5.1 问题描述

可持续发展是人类的共识，它是解决日益严峻的环境和资源问题的必由之路。1987 年，联合国发布的报告《我们共同的未来》，给出了可持续发展的定义，即既能满足当代人的需要，又不损害后代人的福祉。在实施可持续发展战略时，适时地进行可持续发展综合评价、提出有针对性的建设建议，可以有效地指导可持续发展的具体实践，意义重大。可持续发展评价理论与方法的科学与否，直接关乎相应政策建议的科学性，对可持续发展的实施影响重大。

在进行可持续发展综合评价时，常见的方式是，首先在经济、环境、资源、社会等维度选择适当的评价指标体系，接着选用一些系统评价方法如层次分析法（AHP）等来确定指标的权重，最终得出被评价对象的综合可持续发展水平评价

结果。虽然此类可持续发展评价模式，相较于可持续发展评价指数而言，可以更加全面地反映一个区域的可持续发展水平，但是此类方法也存在一个显著的不足，那就是在一定程度上会出现以牺牲资源环境为代价来换取经济增长的现象，这是因为采用的是综合评价指标体系，同时在指标的选择和权重的设定上，经济指标往往多于资源、环境类指标，这就容易导致整体表现较佳的评价对象很有可能出现较好的经济绩效和较差的环境、资源绩效的现象。而在我国的经济发展进程中，我们是要竭力避免这种现象的，避免走粗放式的经济发展模式。于是，一些学者尝试将数据包络分析（DEA）方法应用于可持续发展评价。虽然使用DEA方法可以克服这一不足，但是使用DEA方法进行可持续发展度量的文献，仅仅只是使用DEA方法得出它们的评价和排序结果，没有为非有效（表现不好）被评价对象选择出它们的“学习标杆”，不利于它们可持续发展水平的进一步改善和提高。

鉴于此，本书以度量我国不同行政区域可持续发展水平为例，把前文的理论研究成果应用到可持续发展综合评价中，在给出不同被评价对象的评估和排序结果的同时，选择出非有效被评价对象的“学习标杆”。依据可持续发展理念，本书运用DEA方法对中国不同行政区域的可持续发展水平进行衡量，在指标的选取上同时考虑了经济指标和环境指标。依据研究的需要以及数据的可获得性，具体的投入指标选取劳动投入、资本投入，产出指标选取国内生产总值（GDP）、二氧化硫排放量、氮氧化物排放量及烟（粉）尘排放量。很显然，产出指标中的GDP是期望产出，后三个为非期望产出。由于产出指标中含有非期望产出，本书使用可以处理非期望产出的DEA模型[146]，鉴别出在可持续发展上表现优异的行政区域。使用DEA传统模型鉴别出的有效决策单元能否作为非有效决策单元的“学习标杆”呢？研究表明，仅仅依靠DEA传统模型鉴别出的有效决策单元并不能直接充当非有效决策单元的“学习标杆”，这是由于DEA传统模型往往给出不止一个有效决策单元，因此首先要做的事情就是进一步区分有效决策单元，鉴别出“真正有效”的决策单元，使其成为非有效决策单元的“学习标杆”。本书使用DEA交叉效率模型进一步区分有效决策单元，鉴别出“真正有效”的决策单元，使其作为非有效决策单元的“学习标杆”。在DEA交叉效率模型的选取上，由于考虑决策单元原始效率值的敌对模型相较于现有交叉效率模型的诸多优势，如考虑了选择出的权重对决策单元原始效率值的影响、选择出的权重中含有较少极端权重等，本书决定使用该模型求解交叉效率矩阵。在交叉效率集聚方法的选择上，基于专家打分法的集聚方法相较于现有集聚方法的诸多优势，如无须测量决策者的风险偏好水平等；虽然使用主成分分析方法进行交叉效率集聚时，得出的权重理论依据更加合理，但是由于其要对原始的交叉效率值进行标准化处理，由此得出的决策单元最终交叉效率值不便于理解。基于以上考虑，本书决定使用专家打分法对交叉效率进行集聚。最后，本书使用“GDP导向”和“污染导向”的DEA模型，对它们进行进一步的效率评估，给出表现不好区域在提升自身可持续发展水平时应着重努力改进的方向。

5.2 评估方法

5.2.1 考虑非期望产出的DEA模型

传统上，人们一般认为产出均是好的，人们期望获得的，如产出的各种产品和服务，它们能满足我们特定的需求。但是，此种假设并不完全符合现实，如现实的生产活动在产出人们期望的产品和服务时，也产生了废气、废物、废水等人们非期望看到的产出，它们会损害到我们的利益。

对于这些非期望产出，DEA如何处理？目前有以下两种处理方式：一是忽略它们，在DEA框架中不把它们纳入产出指标；二是把它们作为投入指标处理或把它们作单调递减变换（如$1/y^b$，y^b代表非期望产出），把处理后的指标作为产出指标处理[147]。以上处理方式要么不能反映真实的生产活动，要么会“丢

失”数据转换域值的不变性。为了克服以上方法的不足，Seiford 和 Zhu[146] 提出了一种新的处理方式，该方法既可以反映真实的生产活动又可以保持数据转换域值的不变性，本书将采用他们的方法来处理非期望产出。他们提出的模型，在规模报酬可变（VRS）产出导向下表述为：

$$\frac{1}{TE_0^{VRS}} = \min \sum_{i=1}^{m} v_i x_i^0 + v_0$$

$$\text{s. t.}$$

$$\sum_{i=1}^{m} v_i x_{ij} - \sum_{r=1}^{p} u_r \bar{y}_{rj}^{b} - \sum_{r=p+1}^{s} u_r y_{rj}^{g} + v_0 \geqslant 0,\ j = 1,\ 2,\ \cdots,\ n$$

$$\sum_{r=1}^{p} u_r \bar{y}_{r0}^{b} + \sum_{r=p+1}^{s} u_r y_{r0}^{g} = 1$$

$$v_i \geqslant 0,\ u_r \geqslant 0,\ \bar{y}_{rj}^{b} = -y_{rj}^{b} + w_r > 0,\ v_0 \text{ is free} \tag{5-1}$$

其中，TE_o^{VRS} 为被评价决策单元 DMU_o 的纯技术效率，如果其值等于 1 则被评价决策单元 DMU_o 为有效决策单元；x_{ij} 为决策单元 DMU_j 的第 i 项投入；y_{rj} 为决策单元 DMU_j 的第 r 项产出；v_i 为第 i 项投入的权重；u_r 为第 r 项产出的权重；w_r 的取值为 $\max_j\{y_{rj}^b\}+1$；s 为产出指标的数量；m 为投入指标的数量；y_{rj}^g 和 y_{rj}^b 分别为期望产出和非期望产出；p 为非期望产出指标的数量；n 为决策单元 DMU 的数量。式（5-1）中去除 v_o，则表达式转换为规模报酬不变的 CCR 模型，TE_o^{CRS} 代表决策单元 DMU_o 在 CCR 模型下的效率值，决策单元 DMU_o 的规模效率表述为：

$$SE_o = \frac{TE_o^{CRS}}{TE_o^{VRS}}$$

SE_o 的值不大于 1：当等于 1 时表示决策单元 DMU_o 处在最佳的规模报酬不变阶段；当小于 1 时表示决策单元 DMU_o 处在规模递增或递减阶段，若处在递增阶段应继续增加投入才能达到规模有效，若处在递减阶段需缩减当前的投入规模。

5.2.2 DEA 交叉效率模型

使用 DEA 传统模型鉴别出有效决策单元后，它们所扮演的非有效决策单元

“学习标杆”的角色也十分重要。由于DEA传统模型往往识别出很多个有效决策单元，这就需要借助一定的方法进一步区分有效决策单元，进一步识别出“真正有效”的决策单元，使其成为非有效决策单元的“学习标杆”。在众多进一步区分有效决策单元的方法中，DEA交叉效率模型最为常用。

有别于DEA传统模型，DEA交叉效率模型使用“自评+他评”的方式对决策单元进行效率评估。在DEA交叉效率模型中，每个决策单元会有一个依据自利权重体系计算得出的自评效率值以及依据其他决策单元自利权重体系计算得出的$n-1$个（n为决策单元DMU的数量）他评效率值，依据一定方法把这n个效率值进行集聚，会得出一个平均交叉效率值，依据此值，决策单元可以得到充分排序。

由于每个决策单元在DEA传统模型（如CCR模型）上的最优权重解往往不唯一，这给使用DEA交叉效率模型造成一定的困难。为了解决这一问题，本章使用本书前文提出的基于考虑决策单元原始效率值的敌对模型。使用该模型获得交叉效率矩阵后，要想获得最终的平均交叉效率值，还需要依据一定的方法对它们进行集聚，在此使用本书前文提出的基于专家打分法的交叉效率集聚方法。

5.2.3 识别出“虚假”的有效决策单元

在自评时即使用DEA传统模型进行效率评估时，若一个决策单元对自己有利的个别产出（投入）指标分配过大的权重，而对自己不利的投入（产出）指标分配过小的权重，那么它就会成为一个“虚假”的有效决策单元。可以借助虚假有效指数（False Positive Index，FPI）来衡量一个决策单元的虚假有效程度。FPI衡量一个决策单元从他评效率值到自评效率值增长的比例，FPI_k值越高，DMU_k的虚假有效程度越高。FPI计算公式如下：

$$FPI_k=\frac{\theta_{kk}-CEM_k^{Mean}}{CEM_k^{Mean}}$$

其中，θ_{kk}为DMU_k的自评效率值（一般为依据CCR模型计算得出的效率

值），CEM_k^{Mean} 为 DMU_k 依据 DEA 交叉效率模型计算得出的平均交叉效率值。

5.2.4 分析流程

本书在对中国 31 个省级行政区域（港澳台除外，后同）的可持续发展水平进行衡量时，在产出指标的选择上不仅考虑了经济指标 GDP，还引入了环境指标，分别是二氧化硫排放量、氮氧化物排放量及烟（粉）尘排放量，它们是主要的空气污染物，用它们作为环境污染的代替指标。其中，GDP 为期望产出指标，即越大越好，三个环境指标为非期望产出指标，人们希望它们越小越好。在投入指标的选择上，选择了就业人数和固定资产投资，就业人数作为劳动力的代替指标，固定资产投资作为资本的代替指标。

本书首先分析中国 31 个省级行政区域整体的可持续发展水平，再分别从可持续发展的经济维度和环境维度对它们进行进一步的衡量和区分。具体的分析流程如下：在产出指标上既考虑经济指标又考虑环境指标，此模型被称为“绿色 GDP 导向”DEA 模型，可以从整体上对中国 31 个省级行政区域的可持续发展水平进行度量。产出指标只考虑经济因素，此模型被称为“GDP 导向”DEA 模型，着重衡量中国 31 个省级行政区域可持续发展水平的经济层面。产出指标仅考虑环境指标，此模型被称为“污染导向”DEA 模型，着重衡量它们可持续发展水平的环境层面。“GDP 导向”DEA 模型及“污染导向”DEA 模型分别用模型（5-2）和模型（5-3）表示。

$$\frac{1}{TE_0^{VRS}} = \text{Min} \sum_{i=1}^{m} v_i x_i^0 + v_0$$

s. t.

$$\sum_{i=1}^{m} v_i x_{ij} - \sum_{r=p+1}^{s} u_r y_{rj}^g + v_0 \geqslant 0，j = 1，2，\cdots，n$$

$$\sum_{r=p+1}^{s} u_r y_{r0}^g = 1$$

$$v_i \geqslant 0，u_r \geqslant 0，v_0 \text{ is free} \tag{5-2}$$

$$\frac{1}{TE_0^{VRS}} = \text{Min}\sum_{i=1}^{m} v_i x_i^0 + v_0$$

s. t.

$$\sum_{i=1}^{m} v_i x_{ij} - \sum_{r=1}^{p} u_r \bar{y}_{rj}^{b} + v_0 \geqslant 0,\ j = 1,\ 2,\ \cdots,\ n$$

$$\sum_{r=1}^{p} u_r \bar{y}_{r0}^{b} = 1$$

$$v_i \geqslant 0,\ u_r \geqslant 0,\ \bar{y}_{rj}^{b} = -y_{rj}^{b} + w_r > 0,\ v_0 \text{ is free} \tag{5-3}$$

模型（5-2）中的产出要素只包含期望产出，模型（5-3）中的产出要素只考虑非期望产出，两个模型都是基于规模报酬可变（VRS）建立的，得出的效率值为决策单元（DMU）的纯技术效率（PTE）。如果把模型中的 v_0 去除，可以求解出在规模报酬不变条件下（CRS）的效率值。

5.3 数据收集

中国 31 个省级行政区域 2017 年的 2 个投入指标及 1 个期望产出指标和 3 个非期望产出指标数据均来自《中国统计年鉴》。2 个投入指标分别为各个区域的就业人数（单位为万人）及资本投入（单位为亿元）。《中国统计年鉴》列示了各个行政区域城镇非私营单位就业人数及各个行政区域的私营企业和个体就业人数，本书使用两者的加总作为各个行政区域的总就业人数数据；资本投入使用各个行政区域 2017 年的固定资产投资，该数据可以在《中国统计年鉴》中直接获取。1 个期望产出为各个行政区域 2017 年的 GDP（单位为亿元），3 个非期望产出指标分别为各个行政区域的二氧化硫排放量、氮氧化物排放量及烟（粉）尘排放量（单位均为万吨）。以上指标数据均可在《中国统计年鉴》中直接获取。中国 31 个行政区域的原始数据及描述性统计列于表 5-1 和表 5-2。为了展示以上指标数据在沿海和内陆地区是否存在差异，表 5-3 和表 5-4 分别进行了列示。

表 5-1 中国 31 个省级行政区域 2017 年投入产出指标原始数据

行政区域	投入		期望产出	非期望产出		
	劳动	资本	GDP	二氧化硫	氮氧化物	烟（粉）尘
北京	1954.3	8370.4	28014.94	2.01	14.45	2.04
天津	506.9	11288.9	18549.19	5.56	14.23	6.52
河北	1655.4	33406.8	34016.32	60.24	105.60	80.37
山西	1020.7	6040.5	15528.42	57.31	52.10	45.38
内蒙古	869.2	14013.2	16096.21	54.63	50.55	53.62
辽宁	1434.1	6676.7	23409.24	38.97	60.51	55.75
吉林	1034	13283.9	14944.53	16.61	25.54	19.57
黑龙江	816	11292	15902.68	29.37	40.96	40.22
上海	1976.6	7246.6	30632.99	1.85	19.39	4.70
江苏	4878.7	53277	85869.76	41.07	90.72	39.08
浙江	3750.3	31696	51768.26	19.05	43.20	15.34
安徽	1748.9	29275.1	27018	23.54	49	28.08
福建	1971	26416.3	32182.09	13.39	27.72	17.02
江西	1394.3	22085.3	20006.31	21.55	35.54	27.95
山东	3912.1	55202.7	72634.15	73.91	115.86	54.96
河南	2550.6	44496.9	44552.83	28.63	66.29	22.34
湖北	2388.2	32282.4	35478.09	22.01	37.67	18.80
湖南	1365.6	31959.2	33902.96	21.46	36.47	20.71
广东	6142.7	37761.7	89705.23	27.68	82.97	26.08
广西	1185.4	20499.1	18523.26	17.73	34.56	20.91
海南	292.5	4244.4	4462.54	1.43	6.01	2.09
重庆	1575	17537	19424.73	25.34	20.40	8.33
四川	1758	31902.1	36980.22	38.91	45.76	22.40
贵州	984.6	15503.9	13540.83	68.75	35.97	19.68
云南	1218.7	18936	16376.34	38.44	26.88	22.42
西藏	133.5	1975.6	1310.92	0.35	3.02	0.66
陕西	1077.5	23819.4	21898.81	27.94	33.98	23.67
甘肃	790	5827.8	7459.90	25.88	21.25	17.71
青海	161.7	3883.6	2624.83	9.24	7.23	12.95

续表

行政区域	投入		期望产出	非期望产出		
	劳动	资本	GDP	二氧化硫	氮氧化物	烟（粉）尘
宁夏	243.2	3728.4	3443.56	20.75	16.17	18.77
新疆	961	12089.1	10881.96	41.82	38.84	50.15

表5-2　中国31个省级行政区域2017年投入产出指标的描述性统计

	均值	最小值	最大值	标准误差	N
投入					
就业人数（万人）	1669.4	133.5	6142.7	1367.7	31
固定资产投入（亿元）	20516.7	1975.6	55202.7	14655.8	31
期望产出					
GDP（亿元）	27327.1	1310.9	89705.2	22186.9	31
非期望产出					
二氧化硫排放量（万吨）	28.2	0.35	73.9	19.6	31
氮氧化物排放量（万吨）	40.6	3.0	115.9	27.8	31
烟（粉）尘排放量（万吨）	25.8	0.66	80.4	18.6	31

从表5-3和表5-4可以看出，沿海地区和内陆地区存在明显的经济差异。沿海地区的平均固定资产投资是内陆地区的1.5倍有余，平均GDP是内陆地区的2倍有余。区域经济差异可以归结为沿海地区更好的基础设施建设及国家政策对沿海地区的支持。从表5-3和表5-4中还可看出，沿海地区和内陆地区三个废气指标的排放很接近，这意味着内陆地区单位GDP的污染排放高于沿海地区。

表5-3　沿海地区2017年投入产出指标的描述性统计

	均值	最小值	最大值	标准误差	N
投入					
就业人数（万人）	2518.7	292.5	6142.7	1883.0	11
固定资产投入（亿元）	26156.0	4244.4	55202.7	18076.0	11

续表

	均值	最小值	最大值	标准误差	N
			期望产出		
GDP（亿元）	41977.5	4462.5	89705.2	28947.1	11
			非期望产出		
二氧化硫排放量（万吨）	27.4	1.4	73.9	23.9	11
氮氧化物排放量（万吨）	54.6	6.0	115.9	38.7	11
烟（粉）尘排放量（万吨）	29.3	2.0	80.4	25.2	11

表 5-4　内陆地区 2017 年投入产出指标的描述性统计

	均值	最小值	最大值	标准误差	N
			投入		
就业人数（万人）	1202.3	133.5	2550.6	663.2	20
固定资产投入（亿元）	17415.1	1975.6	44496.9	11774.4	20
			期望产出		
GDP（亿元）	19269.4	1310.9	44552.8	11984.4	20
			非期望产出		
二氧化硫排放量（万吨）	28.7	0.4	68.8	17.4	20
氮氧化物排放量（万吨）	32.9	3.0	66.3	16.1	20
烟（粉）尘排放量（万吨）	23.8	0.7	53.6	14.3	20

5.4　结果分析

5.4.1　效率分析

基于三个测量模型计算得出的中国 31 个省级行政区域的效率值列于表 5-5。其中，TE 表示综合效率，PTE 表示纯效率，SE 表示规模效率，RTS 表示它们所处的生产阶段（其中，DRS 表示规模报酬递减阶段，IRS 表示规模报酬递增阶段，CRS 表示规模报酬不变阶段），CEM 表示它们的平均交叉效率值，FPI 值衡量它们的虚假有效程度。

表 5-5　依据三个测量模型计算得出的中国 31 个省级行政区域的效率值

编号	行政区域	测量模型								区域
		模型（5-1）						模型（5-2）	模型（5-3）	
		TE	PTE	SE	RTS	CEM	FPI	PTE	PTE	
R01	北京	0.891	1.000	0.891	DRS	0.850	4.84	0.901	0.983	内陆
R02	天津	1.000	1.000	1.000	CRS	0.981	1.93	1	0.930	沿海
R03	河北	0.600	0.892	0.673	DRS	0.558	7.47	0.892	0.197	沿海
R04	山西	0.851	0.884	0.962	IRS	0.805	5.66	0.884	0.569	内陆
R05	内蒙古	0.625	0.682	0.917	DRS	0.597	4.69	0.679	0.582	内陆
R06	辽宁	0.982	1.000	0.982	IRS	0.923	5.82	1	0.495	沿海
R07	吉林	0.574	0.861	0.667	DRS	0.544	5.50	0.6	0.802	内陆
R08	黑龙江	0.721	0.749	0.962	DRS	0.693	3.98	0.736	0.667	内陆
R09	上海	1.000	1.000	1.000	CRS	0.958	4.34	1	0.980	沿海
R10	江苏	0.742	1.000	0.742	DRS	0.685	8.27	1	0.524	沿海
R11	浙江	0.660	0.982	0.672	DRS	0.616	7.13	0.829	0.818	沿海
R12	安徽	0.509	0.793	0.642	DRS	0.483	5.45	0.698	0.689	内陆
R13	福建	0.615	0.966	0.637	DRS	0.582	5.63	0.78	0.825	沿海
R14	江西	0.490	0.802	0.610	DRS	0.470	4.32	0.614	0.716	内陆
R15	山东	0.679	1.000	0.679	DRS	0.627	8.37	1	0.327	沿海
R16	河南	0.561	0.936	0.600	DRS	0.526	6.73	0.858	0.731	内陆
R17	湖北	0.557	0.913	0.610	DRS	0.525	6.16	0.739	0.775	内陆
R18	湖南	0.678	1.000	0.678	DRS	0.625	8.53	1	0.752	内陆
R19	广东	0.798	1.000	0.798	DRS	0.739	7.96	1	0.685	沿海
R20	广西	0.505	0.805	0.628	DRS	0.487	3.62	0.629	0.767	沿海
R21	海南	0.799	0.991	0.806	DRS	0.630	26.80	0.705	0.986	沿海
R22	重庆	0.520	0.917	0.567	DRS	0.496	4.77	0.593	0.905	内陆
R23	四川	0.659	0.953	0.692	DRS	0.621	6.06	0.941	0.731	内陆
R24	贵州	0.483	0.786	0.614	DRS	0.458	5.39	0.527	0.764	内陆

续表

编号	行政区域	测量模型								区域
		模型（5-1）						模型（5-2）	模型（5-3）	
		TE	PTE	SE	RTS	CEM	FPI	PTE	PTE	
R25	云南	0.468	0.853	0.549	DRS	0.450	4.02	0.552	0.790	内陆
R26	西藏	1.000	1.000	1.000	CRS	0.597	67.40	1	1	内陆
R27	陕西	0.558	0.860	0.649	DRS	0.538	3.74	0.767	0.728	内陆
R28	甘肃	0.577	0.864	0.668	DRS	0.494	16.70	0.515	0.840	内陆
R29	青海	0.983	1.000	0.983	IRS	0.549	79.00	1	0.963	内陆
R30	宁夏	0.764	0.895	0.853	DRS	0.580	31.80	0.685	0.884	内陆
R31	新疆	0.466	0.726	0.642	DRS	0.432	7.91	0.463	0.685	内陆
均值		0.688	0.907	0.754				0.793	0.745	

资料来源：作者计算所得。

从模型（5-1）的综合效率角度考虑，它们的平均综合效率值为 0.688，距离有效程度差距较大，仅有 3 个行政区域有效，分别是天津、上海和西藏。由它们的纯效率（PTE）和规模效率值可以看出，综合效率非有效的主要原因是它们的规模效率非有效。

接着考虑模型（5-1）的纯技术效率，它们的平均纯效率值为 0.907，接近有效。技术有效的行政区域有 10 个，分别是北京、天津、辽宁、上海、江苏、山东、湖南、广东、西藏和青海，它们的平均规模效率为 0.754。考虑它们所处的生产阶段，可以发现，天津、上海和西藏处在最优的规模报酬不变阶段，相应地，它们的规模效率值也为 1；3 个行政区域处在规模报酬递增阶段，分别是山西、辽宁和青海，意味着它们进一步扩大自己的生产规模可以提升自己的规模效率；其余 25 个行政区域均处在规模报酬递减阶段，意味着它们缩减自己的生产规模可以提升自己的规模效率。

把它们区分为沿海和内陆地区，运用统计检验发现，在模型（5-1）及模型（5-2）下，沿海地区和内陆地区的均值存在显著差异，统计检验结果如表 5-6 所示，意味着从经济维度考虑，沿海地区表现要优于内陆地区。

表 5-6 沿海地区、内陆地区效率值差异显著性检验

区域	行政区域数量	测量模型					
		模型（5-1）		模型（5-2）		模型（5-3）	
		均值	P 值	均值	P 值	均值	P 值
沿海	11	0. 967	0. 007	0. 894	0. 016	0. 685	0. 294
内陆	20	0. 874		0. 738		0. 778	

资料来源：作者计算所得。

5. 4. 2 确定非有效区域的“学习标杆”

依据“绿色 GDP 导向”DEA 模型计算得出的综合效率值，识别出了三个有效区域，分别是天津、上海和西藏，该结果是依据自评模式（即每个区域选择出对自己最为有利的权重进行效率评估）得出的。为了进一步区分它们，本书使用了 DEA 交叉效率模型。依据此模型，得出天津最为有效，其平均交叉效率值为 0. 981，适合作为非有效区域的“学习标杆”。在自评模式下，虽然西藏被评价为有效，综合效率值为 1，但是在他评模式下，其效率值较低，仅为 0. 597，不仅低于自评模式下另外两个有效区域（天津和上海），而且还低于一些在自评模式下的非有效区域（如北京、辽宁等）。

从以上分析中可以看出，自评模式和他评模式对决策单元的效率评估会出现差异，FPI 值可以更清晰地描述两者之间的差异。FPI 即虚假有效指数，表示为从“他评”到“自评”效率值的增长比例。从表 5-5 中的 FPI 值可以看出，自评模式下有效的区域西藏的 FPI 值较高，为 67. 4%仅次于青海的 FPI 值，意味着从“他评”到“自评”其效率值增长了 67. 4%之多，“自评”效率值和“他评”效率值之间存在显著差异，自评模式下使用的自利权重体系和其他非有效区域使用的权重体系之间存在较大的差异，不利于非有效区域“学习”，不适于作为它们的“学习标杆”。而在自评模式下被评价为有效的天津，其 FPI 值最小，仅为 1. 93%，“自评”效率值和“他评”效率值接近，自评模式下使用的自利权重体

系和其他非有效区域使用的自利权重体系相似，利于它们“学习”，适宜作为它们的“学习标杆”。

更进一步地，可以依据“基准比较法”来帮助非有效区域提升绩效。举例来说，非有效区域如吉林省把天津市作为“学习标杆”，它们之间的基准比较列于图 5-1。首先把吉林省的六个指标值（劳动投入、资本投入、GDP、二氧化硫排放量、氮氧化物排放量及烟（粉）尘排放量）设为 1，由图 5-1 可知，天津市用了 49%的劳动投入、85%的资本投入生产了 124%的 GDP，33%的二氧化硫、56%的氮氧化物及 33%的烟（粉）尘，显然天津市的绩效远高于吉林省。图 5-1 所示的基准比较图也为非有效区域吉林省指明了绩效改进的方向。

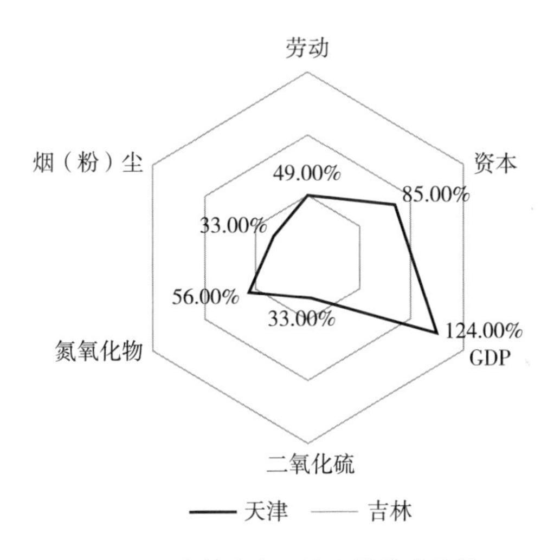

图 5-1 吉林省和天津市的基准比较

资料来源：作者绘制。

5.4.3 基于“GDP 导向”和“污染导向”DEA 模型的交叉评估

为了进一步分析中国 31 个省级行政区域在可持续发展水平上的差异，我们在对它们的可持续发展水平进行综合衡量的基础上，进一步借助“GDP 导向”

DEA 模型和“污染导向”DEA 模型，从可持续发展的经济维度和环境维度进一步衡量它们的差异水平。从表 5-5 可以得出，它们在经济维度上的平均纯技术效率为 0.793，在环境维度上的平均纯技术效率为 0.745，距离有效还具有一定的差距。从表 5-6 可以看出，沿海地区和内陆地区在经济维度上的表现存在显著差异，沿海地区要优于内陆地区；在环境方面两者之间不存在显著差异。

两个模型计算得出的效率值之间的相关系数为-0.13，存在轻微的负相关，两者的相关系数统计检验如表 5-7 所示。

表 5-7 两个效率值的相关系数矩阵及统计检验结果

		“GDP 导向”效率值	“污染导向”效率值
“GDP 导向”效率值	相关系数	1	-0.13
	P 值		0.487
	N	31	31
“污染导向”效率值	相关系数	-0.13	1
	P 值	0.487	
	N	31	31

资料来源：作者计算所得。

中国 31 个省级行政区域的两个维度效率值列于图 5-2，“GDP 导向”效率

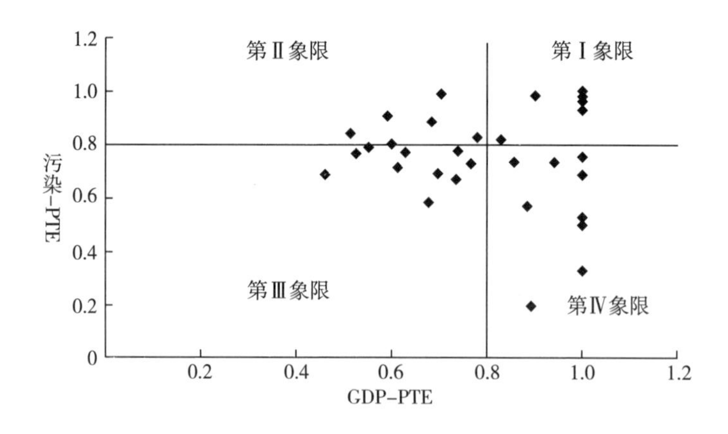

图 5-2 31 个省级行政区域的 GDP 导向及污染导向效率值

资料来源：作者绘制。

值和“污染导向”效率值分别为0.8的两条直线，把坐标轴分为四个象限，分别为第Ⅰ、第Ⅱ、第Ⅲ及第Ⅳ象限。其中，分别有6个、6个、10个、9个区域落在第Ⅰ、第Ⅱ、第Ⅲ及第Ⅳ象限。

落在第Ⅰ象限的区域有6个省份，这6个区域中有4个属于沿海地区，它们的“GDP导向”效率值及“环境导向”效率值均不低于0.8，表明这些区域在经济维度和环境维度均表现出色，可以作为其他区域的“学习标杆”。

落在第Ⅱ象限的区域有6个省份，它们在环境方面表现较优，但是在经济方面表现欠缺，意味着它们要更加重视经济发展以进一步提升自身的可持续发展水平。

落在第Ⅲ象限的区域有10个省份，这些区域在经济和环境方面均表现较差，需要同时在这两个方面进行提升。

落在第Ⅳ象限的有9个省份，它们在经济方面表现较好，但是在环境方面表现较差，需要在未来进一步减少污染排放量，提升自己的环境质量，实现可持续发展。

5.5　本章小结

本章主要运用能够处理非期望产出的DEA模型，分别从综合维度（经济维度+环境维度）、经济维度、环境维度分别构建“绿色GDP导向”DEA模型、“GDP导向”DEA模型及“污染导向”DEA模型，并对我国31个省级行政区域的可持续发展水平进行测度，得出在整体方面及经济维度，沿海地区表现占优。“绿色GDP导向”DEA模型鉴别出三个有效区域，分别是天津、上海及西藏；进一步依据DEA交叉效率模型，识别出天津为其他区域评价的最为有效的区域，适宜作为其他非有效区域的“学习标杆”，依据基准比较方法，可以为非有效区域指明改进的方向。

依据“GDP导向”DEA模型和“污染导向”DEA模型，把中国31个省级行政区域分布在四个象限中，其中落在第Ⅰ象限中的有六个区域，分别是北京、天津、上海、浙江、西藏和青海，针对其他三个象限两个效率值的特点，给出了落在其他三个象限的行政区域进一步提升自身可持续发展水平的意见和建议。

把本书的理论研究成果运用到可持续发展评价中，一方面可以克服常见可持续发展综合评价方法存在的以牺牲环境、资源为代价换取经济增长的不足，另一方面也可以为表现不佳的评价对象指出它们的“学习标杆”，利于它们可持续发展水平的提升。

6 总结和展望

6.1 总结

数据包络分析（DEA）方法是一种对同质决策单元（DMUs）进行效率度量的非参数方法，鉴于它在效率评估及鉴别生产前沿面方面的良好性能，数据包络分析方法得到了广泛的应用。但是由于 DEA 传统模型仅仅把决策单元区分为有效决策单元和非有效决策单元两组，致使有效决策单元无法进一步区分排序。为了解决这一问题，对有效决策单元进一步区分排序，学者们对 DEA 传统模型进行了拓展，提出了一些新的 DEA 模型，如 DEA 超效率模型、DEA 公共权重模型、DEA 交叉效率模型等。在众多提升 DEA 对决策单元区分能力的方法中，DEA 交叉效率模型最为常用。但是要想使用 DEA 交叉效率模型，必须先解决交叉效率非唯一性的问题及交叉效率集聚问题。本书针对这两个问题展开研究，并把理论研究成果应用到对中国行政区域的可持续发展水平度量上。

本书的主要研究工作及创新之处如下：

第一，提出了“修缮中立模型”来解决 DEA 交叉效率非唯一性问题，进一步扩充了“中立模型”。“修缮中立模型”相较于 Wang 等[40] 提出的“中立模型”，对被评价决策单元更为有利，更符合“中立模型”的思想，建模思路也更加符合逻辑，相应地，得出的效率值也更加合理。由于本书构建的“修缮中立模型”在进行权重选择时仅从被评价决策单元自身利益出发，选择出能使自己利益最大化的一组权重体系，这一建模思路相较于其他非“中立模型”的建模思路更加合理，得出的效率值也更加合理。

第二，从决策单元原始效率值的角度，重新阐释了 CCR 模型，并基于敌对、友善和中立模型的思想，分别构建了考虑决策单元原始效率值的敌对、友善和中立模型，以解决交叉效率非唯一性问题。相较于现有的 DEA 交叉效率第二目标模型，本书提出的三个模型考虑了选择的权重体系对决策单元原始效率值的影响；同时算例对比分析显示，相较于考虑决策单元标准化效率值的敌对、友善和中立模型，本书提出的三个模型可以显著减少极端权重的数量，计算得出的交叉效率值也更加合理。

第三，提出了使用专家打分法及主成分分析方法，对交叉效率进行集聚。相较于现有的交叉效率集聚方法，两者均考虑了不同交叉效率之间的差异性，使最终的交叉效率值与权重之间产生了联系，建模思路清晰、合理；给出了交叉效率要进行非等权集聚的具体直观原因，同时集聚结果也是唯一的固定的，无须对决策者（DM）的风险偏好进行度量，和现有的集聚方法相比有明显的优势，便于决策者使用。使用主成分分析方法计算得出的权重，相较于专家打分法理论依据更加严谨。

第四，从综合维度（经济维度+环境维度）、经济维度、环境维度分别构建“绿色 GDP 导向”DEA 模型、“GDP 导向”DEA 模型及“污染导向”DEA 模型，对我国 31 个省级行政区域的可持续发展水平进行测度，得出在整体方面及经济维度，沿海地区表现占优。“绿色 GDP 导向”DEA 模型鉴别出三个有效区域，分别是天津、上海及西藏；进一步依据 DEA 交叉效率模型，识别出天津为其他区域评价最为有效的区域，适宜作为其他非有效区域的“学习标杆”。“GDP 导向”DEA 模型和“污染导向”DEA 模型为表现欠佳的行政区域进一步提升自身的可持续发展水平指明了改进的方向。

6.2 展望

基于本书的理论研究和应用研究，以下几方面为未来的研究方向：

第一，在提出考虑决策单元（DMUs）原始效率值的 DEA 交叉效率模型时，本书仅构建了基于敌对、友善和中立的三个模型，未来可以基于其他如排序模型等来进一步扩充此类模型。

第二，在使用专家打分法进行交叉效率集聚时，本书采用了专家之间的欧式距离矩阵来度量他们的差异，除此之外可能还存在其他方法来度量他们之间的差异程度。

第三，本书对中国行政区域可持续发展水平进行度量时，主要从综合维度（经济维度+环境维度）、经济维度及环境维度三个视角展开度量，未来可以继续拓展视角和维度，从而得到更加全面细致的度量结果。

参考文献

[1] Charnes, A., Cooper, W. W., Rhodes, E. L. Measuring the Efficiency of Decision Making Units [J]. European Journal of Operational Research, 1978, 2: 429-444.

[2] Farrell, M. J. The Measurement of Productive Efficiency [J]. Journal of the Royal Statistical Society: Series A (General), 1957, 120 (3): 253-281.

[3] Charnes, A., Cooper, W. W., Lewin, A. Y. and Seiford, L. M. Data Envelopment Analysis: Theory, Methodology, and Applications [M]. Boston, MA: Kluwer, 1994.

[4] Andersen, P., and Petersen, N. C. A Procedure for Ranking Efficient Units in Data Envelopment Analysis [J]. Management Science, 1993, 39 (10): 1261-1264.

[5] Thrall, R. M. Duality. Classification and Slacks in Data Envelopment Analysis [J]. Annals of Operations Research, 1996, 66: 109-138.

[6] Dula, J. H., and Hickman, B. L. Effects of Excluding the Column Being Scored from the DEA Envelopment LP Technology Matrix [J]. Journal of the Operational Research Society, 1997, 48: 1001-1012.

[7] Sueyoshi, T. Data Envelopment Analysis Non-parametric Ranking Test and Index Measurement: Slack-adjusted DEA and an Application to Japanese Agriculture Cooperatives [J]. Omega International Journal of Management Science, 1999, 27: 315-326.

[8] Chen, Y. Measuring Super-efficiency in DEA in the Presence of Infeasibility [J]. European Journal of Operational Research, 2005, 161 (2): 545-551.

[9] Chen, Y., Djamasbi, S., Du, J. and Lim, S. Integer-valued DEA Super-efficiency Based on Directional Distance Function with an Application of Evaluating Mood and its Impact on Performance [J]. International Journal of Production Economics, 2013, 146 (2): 550-556.

[10] Banker, R. D., Chang, H. and Zheng, Z. On the Use of Super-efficiency Procedures for Ranking Efficient Units and Identifying Outliers [J]. Annals of Operations Research, 2017, 250 (1): 21-35.

[11] Cook, W., Roll, Y. and Kazakov, A. DEA Model for Measuring the Relative Efficiencies of Highway Maintenance Patrols [J]. INFOR, 1990, 28 (2): 811-818.

[12] Roll, Y., Cook, W. D. and Golany, B. Controlling Factor Weights in Data Envelopment Analysis [J]. IIE Transactions, 1991, 23 (1): 2-9.

[13] Ganley, J. A., and Cubbin, S. A. Public Sector Efficiency Measurement: Applications of Data Envelopment Analysis [M]. Amsterdam: North-Holland, 1992.

[14] Roll, Y., and Golany, B. Alternate Methods of Treating Factor Weights in DEA [J]. Omega, 1993, 21 (1): 99-109.

[15] Sinuany-Stern, Z., and Friedman, L. DEA and the Discriminant Analysis of Ratios for Ranking Units [J]. European Journal of Operational Research, 1998, 111 (3): 70-478.

[16] Kao, C., and Hung, H. T. Data Envelopment Analysis with Common Weights: The Compromise Solution Approach [J]. Journal of the Operational Research Society, 2005, 56 (10): 1196-1203.

[17] Zohrehbandian, M., Makui, A. and Alinezhad, A. A Compromise Solution Approach for Finding Common Weights in DEA: An Improvement to Kao and Hung's Approach [J]. Journal of the Operational Research Society, 2010, 61 (4):

604-610.

[18] Liu, F. H. F., and Peng, H. H. Ranking of Units on the DEA Frontier with Common Weights [J]. Computers & Operations Research, 2008, 35 (5): 1624-1637.

[19] Ramezani - Tarkhorani, S., Khodabakhshi, M., Mehrabian, S. and Nuri- Bahmani, F. Ranking Decision-making Units Using Common Weights in DEA [J]. Applied Mathematical Modelling, 2014, 38 (15): 3890-3896.

[20] Friedman, L., and Sinuany-Stern, Z. Scaling Units via the Canonical Correlation Analysis in the DEA Context [J]. European Journal of Operational Research, 1997, 100 (3): 629-637.

[21] Sinuany-Stern, Z., Mehrez, A. and Barboy, A. Academic Departments Efficiency via DEA [J]. Computers and Operations Research, 1994, 21 (5): 543-556.

[22] Cook, W. D., and Kress, M. A Data Envelopment Model for Aggregating Preference Rankings [J]. Management Science, 1990, 36 (11): 1302-1310.

[23] Cook, W. D., Kress, M., Seiford, L. M. On the Use of Ordinal Data in Data Envelopment Analysis [J]. Journal of the Operational Research Society, 1993, 44: 133-140.

[24] Sexton, T. R., Silkman, R. H. and Hogan, A. J. Data Envelopment Analysis: Critique and Extensions [M]//Measuring Efficiency: An Assessment of Data Envelopment Analysis. San Francisco: CA: Jossey-Bass, 1986: 73-105.

[25] Doyle, J. R., and Green, R. H. Efficiency and Cross-efficiency in DEA: Derivations, Meanings and Uses [J]. Journal of the Operational Research Society, 1994, 45 (5): 567-578.

[26] Doyle, J. R., and Green, R. H. Cross-evaluation in DEA: Improving Discrimination among DMUs [J]. INFOR, 1995, 33 (3): 205-222.

[27] Anderson, T. R., Hollingsworth, K. B. and Inman, L. B. The Fixed Weighting Nature of a Cross-evaluation Model [J]. Journal of Productivity Analysis,

2002, 18 (1): 249-255.

[28] Liang, L., Wu, J., Cook, W. D. and Zhu, J. Alternative Secondary Goals in DEA Cross Efficiency Evaluation [J]. International Journal of Production Economics, 2008, 113: 1025-1030.

[29] Wang, Y. M., and Chin, K. S. Some Alternative Models for DEA Cross-efficiency Evaluation [J]. International Journal of Production Economics, 2010, 128 (1): 332-338.

[30] Lim, S. Minimax and Maximin Formulations of Cross-efficiency in DEA [J]. Computers & Industrial Engineering, 2012, 62: 726-731.

[31] Wu, Jie, Chu, Junfei, Zhu, Qingyuan, Yin, Pengzhen, Liang, Liang. DEA Cross-efficiency Evaluation Based on Satisfaction Degree: An Application to Technology Selection [J]. International Journal of Production Research, 2016, 20: 1-18.

[32] Wu, J., Liang, L., Zha, Y. and Yang, F. Determination of Cross-efficiency under the Principle of Rank Priority in Cross evaluation [J]. Expert Systems with Applications, 2009, 36 (3): 4826-4829.

[33] Contreras, I. Optimizing the Rank Position of the DMU as Secondary Goal in DEA Cross-evaluation [J]. Applied Mathematical Modelling, 2012, 36 (6): 2642-2648.

[34] Wu, J., Sun, J. S. and Liang, L. Cross Efficiency Evaluation Method Based on Weight-balanced Data Envelopment Analysis Model [J]. Computers and Industrial Engineering, 2012, 63: 513-519.

[35] Jahanshahloo, G. R., Hosseinzadeh Lofti, F., Yafari, Y. and Maddahi, R. Selecting Symmetric Weights as a Secondary Goal in DEA Cross-efficiency Evaluation [J]. Applied Mathematical Modelling, 2011, 35: 544-549.

[36] Ramón, N., Ruiz, J. L. and Sirvent, I. On the Choice of Weights Profiles in Cross-efficiency Evaluations [J]. European Journal of Operational Research, 2010,

207 (3): 1564-1572.

[37] Wang, Y. M., Chin, K. S. and Wang, S. DEA Models for Minimizing Weight Disparity in Cross-efficiency Evaluation [J]. Journal of the Operational Research Society, 2012, 63 (8): 1079-1088.

[38] Wang, Y. M., Chin, K. S. and Jiang, P. Weight Determination in the Cross-efficiency Evaluation [J]. Computers & Industrial Engineering, 2011, 61 (3): 497-502.

[39] Lam, K. F. In the Determination of Weight Sets to Compute Cross-efficiency Ratios in DEA [J]. Journal of the Operational Research Society, 2010, 61: 134-143.

[40] Wang, Y. M. and Chin, K. S. A Neutral DEA Model for Cross-efficiency Evaluation and Its Extension [J]. Expert Systems with Applications, 2010, 37 (5): 3666-3675.

[41] Wu, J., Liang, L. and Zha, Y. C. Determination of the Weights of Ultimate Cross Efficiency Based on the Solution of Nucleolus in Cooperative Game [J]. Systems Engineering—Theory & Practice, 2008, 28 (5): 92-97.

[42] Wu, J., Liang, L. and Yang, F. Determination of the Weights for the Ultimate Cross Efficiency Using Shapley Value in Cooperative Game [J]. Expert Systems with Applications, 2009, 36 (1): 872-876.

[43] Wu, J., Sun, J. and Liang, L. DEA Cross-efficiency Aggregation Method Based upon Shannon Entropy [J]. International Journal of Production Research, 2012, 50 (23): 6726-6736.

[44] Wang, Y. M. and Chin, K. S. The Use of OWA Operator Weights for Cross-efficiency Aggregation [J]. Omega, 2011, 39 (5): 493-503.

[45] Song, Lianlian and Liu, Fan. An Improvement in DEA Cross-efficiency Aggregation Based on the Shannon Entropy [J]. International Transactions in Operational Research, 2018, 25 (2): 705-714.

[46] Zeleny, M. Multiple Criteria Decision Making [M]. New York: McGraw-Hill, 1982.

[47] Wang, Y. M. and Wang, S. Approaches to Determining the Relative Importance Weights for Cross-efficiency Aggregation in Data Envelopment Analysis [J]. Journal of the Operational Research Society, 2013, 64: 60-69.

[48] Nordhaus, W. D., Tobin, J. Is Growth Obsolete? The Measurement of Economic and Social Performance [M]. London: Cambridge University Press, 1973.

[49] Estes, T. A Comprehensive Corporate Social Reporting Model [J]. Federal Accountant, 1974: 9-20.

[50] Morris, D. Measuring the Condition of the World's Poor: The Physical Quality of Life Index [M]. New York: Pergamon Press, 1979.

[51] Daly, H. E., Cobb, J. B. For the Common Good: Redirecting the Economy towards the Community, the Environment and a Sustainable Future [M]. Boston: Beacon Press, 1989.

[52] Cobb, G., Halstead, C., Rowe, T. The Genuine Progress Indicator: Summary of Data and Methodology [M]. San Francisco, CA: Redefining Progress, 1995.

[53] United Nations. Human Development Report [EB/OL]. http://www.undp.org, 1990.

[54] 王海燕. 论世界银行衡量可持续发展的最新指标体系 [J]. 中国人口·资源与环境, 1996, 6 (1): 39-43.

[55] IUCN, Strategies for Sustainability Programme, International Development Research Centre. An approach to Assessing Progress toward Sustainability: Tools and Training Series for Institutions, Field Teams and Collaborating Agencies [R]. IUCN set of 8 booklets, 1997.

[56] Dow Jones Corproration, SNOXX, SAM. The Dow Jones Sustainability Indexes [EB/OL]. http://www.sustainability-index.com/, 1999.

[57] ESTAT. Towards Environmental Pressure Indicators for the EU [R]. EU, 1999.

[58] World Business Council for Sustainable Development. Ecoefficiency Indicators and Reporting: Report on the Status of the Project's Work in Progress and Guidelines for Pilot Application [Z] . Geneva, Switzerland, 1999.

[59] Yale Center for Environmental Law & Policy, Center for International Earth Science Information Network. 2005 Environmental Sustainability Index [EB/OL]. http://sedac. ciesin. columbia. edu/es/esi/, 2005.

[60] Yale Center for Environmental Law & Policy, Center for International Earth Science Information Network. 2008 Environment Performance Index [EB/OL]. http://sedac. ciesin. columbia. edu/es/epi/, 2008.

[61] South Pacific Applied Geosciences Commission, United Nations Environment Programme. Building Resilience in SIDS: The Environmental Vulnerability Index [EB/OL]. http://www. vulnerabilityindex. net/index. htm, 2005.

[62] Tan, Y. and Fatih, D. Developing a Sustainability Assessment Model: The Sustainable Infrastructure, Land-Use, Environment and Transport Model [J]. Sustainability, 2010, 2: 321-340.

[63] Ki-Hoon, Lee, Reza, Farzipoor, Saen. Measuring Corporate Sustainability Management: A Data Envelopment Analysis Approach [J]. International Journal of Production Economics, 2012, 140: 219-226.

[64] 朱婧，孙新章，何正 . SDGs 框架下中国可持续发展评价指标研究 [J] . 中国人口·资源与环境，2018，28（12）：9-18.

[65] 王仲君，赵玉川 . 基于秩和比法的中国可持续发展经济子系统的综合评价 [J]. 数学的实践与认识，2005，35（4）：69-74.

[66] 陈长杰，傅小锋，马晓微，魏一鸣 . 中国可持续发展综合评价研究 [J]. 中国人口·资源与环境，2004，14（1）：1-6.

[67] 门可佩，魏百军，蒋梁瑜 . 中国可持续协调发展评价模型与实证分析

[J]. 南京信息工程大学学报（自然科学版），2010，2（4）：378-384.

[68] 毛汉英. 山东省可持续发展指标体系初步研究 [J]. 地理研究，1996，15（4）：16-23.

[69] 刘求实，沈红. 区域可持续发展指标体系与评价方法研究 [J]. 中国人口·资源与环境，1997，7（4）：60-64.

[70] 张学文，叶元煦. 黑龙江省区域可持续发展评价研究 [J]. 中国软科学，2002，(5)：83-87.

[71] 乔家君，李小建. 河南省可持续发展指标体系构建及应用实例 [J]. 河南大学学报（自然科学版），2005，35（3）：44-48.

[72] 陈群元，宋玉祥. 东北地区可持续发展评价研究 [J]. 中国人口·资源与环境，2004，14（1）：78-83.

[73] 邱云峰，秦其明，曹宝，张自力. 基于 GIS 的中国沿海省份可持续发展评价研究 [J]. 中国人口·资源与环境，2007，17（2）：69-72.

[74] 于娜，赵媛媛，丁国栋，崔晓，彭功. 基于生态足迹的中国四大沙地地区可持续评价 [J]. 干旱区地理，2018，41（6）：1310-1320.

[75] 刘明. 区域海洋经济可持续发展能力评价指标体系研究 [J]. 统计与信息论坛，2008，23（5）：19-23.

[76] 朱卫未，王海静. 区域可持续发展能力综合评估方法与应用研究：基于网络结构 DEA 模型 [J]. 环境科学与技术，2017，40（6）：192-200.

[77] 吴鸣然，赵敏. 中国不同区域可持续发展能力评价及空间分异 [J]. 上海经济研究，2016，10：84-92.

[78] 杨朝远，李培鑫. 中国城市群可持续发展研究——基于理念及其评价分析 [J]. 重庆大学学报（社会科学版），2018，24（3）：1-12.

[79] 曹淑艳，谢高地，鲁春霞，肖玉，盖力强，张昌顺. 中国区域可持续发展功能评价 [J]. 资源科学，2012，34（9）：1629-1635.

[80] 刘玉，刘毅. 中国区域可持续发展评价指标体系及态势分析 [J]. 中国软科学，2003，7：113-118.

[81] 黄宝荣，欧阳志云，张慧智，郑华，徐卫华，王效科．中国省级行政区生态环境可持续性评价 [J]．生态学报，2008，28 (1)：327-337.

[82] 高乐华，高强．中国沿海地区生态经济系统能值分析及可持续评价 [J]．环境污染与防治，2012，34 (8)：86-93.

[83] 仇方道．县域可持续发展综合评价研究 [J]．经济地理，2003，23 (3)：319-326.

[84] 陈林生．海岸带区域可持续发展评价方法研究 [J]．经济问题，2018，1：111-117.

[85] 叶潇潇，赵一飞．基于聚类分析的长江三角洲港口群可持续发展水平评价 [J]．长江流域资源与环境，2016，25 (Z1)：17-24.

[86] 徐虹．浙江和江苏经济可持续发展能力评价——基于绿色 GDP 视角 [J]．华东经济管理，2012，26 (12)：35-39.

[87] 乔旭宁，杨娅琳，杨永菊，冯德显．基于 DPSIR 模型与 Theil 系数的河南省可持续发展评价 [J]．地域研究与开发，2017，36 (1)：18-22.

[88] 刘海，殷杰，陈晶，陈晓玲．基于生态足迹的江西省可持续发展评价 [J]．测绘科学，2017，42 (5)：62-69.

[89] 黄秉杰，赵洁，刘小丽．基于信息熵评价法的资源型地区可持续发展新探 [J]．统计与决策，2017，11：34-37.

[90] 檀菲菲．中国三大经济圈可持续发展比较分析 [J]．软科学，2016，30 (7)：40-44.

[91] 杨建辉，任建兰，程钰，徐成龙．我国沿海经济区可持续发展能力综合评价 [J]．经济地理，2013，33 (9)：13-18.

[92] 卢武强，李家成，黄爱莲．城市可持续发展指标体系研究 [J]．华中师范大学学报（自然科学版），1998，32 (2)：235-240.

[93] 金建君，恽才兴，巩彩兰．海岸带可持续发展及其指标体系研究——以辽宁省海岸带部分城市为例 [J]．海洋通报，2001，20 (1)：61-67.

[94] 张自然，张平，刘霞辉，王钰，黄志钢．1990~2011 年中国城市可持

续发展评价［J］. 金融评论，2014，5：41-70.

［95］陈丁楷，石龙宇，李宇亮，等. 城市可持续发展能力评价系统设计与实现［J］. 环境科学与技术，2015，38（6P）：508-513.

［96］顾朝林，甄峰，黄朝永. 江苏省地级市可持续发展能力综合评价研究［J］. 南京大学学报（自然科学），2001，37（3）：281-287.

［97］孙晓，刘旭升，李锋，陶宇. 中国不同规模城市可持续发展综合评价［J］. 生态学报，2016，36（17）：5590-5600.

［98］向宁. 中国城市可持续发展态势分类评价［J］. 科技进步与对策，2018，35（10）：121-129.

［99］屈晓翔，谢锐. 湖南省两型可持续发展实验区绩效评价研究［J］. 湘潭大学学报（哲学社会科学版），2015，39（4）：74-78.

［100］郭志仪，李志贤. 西部油气资源型城市可持续发展综合评价研究——以克拉玛依为例［J］. 甘肃社会科学，2014，4：219-224.

［101］李娟文，王启仿. 中国副省级城市经济可持续发展能力差异综合评价［J］. 经济地理，2001，21（6）：665-668.

［102］唐菊，黄银州，付娇，孟璐. 青海省海西州可持续发展评价研究［J］. 资源开发与市场，2018，34（2）：268-273.

［103］苑清敏，崔东军. 基于 DPSIR 模型的天津可持续发展评价［J］. 商业研究，2013，3：27-32.

［104］何砚，赵弘. 京津冀城市可持续发展效率动态测评及其分解研究——基于超效率 CCR-DEA 模型和 Malmquist 指数的度量［J］. 经济问题探索，2017，11：67-76.

［105］杨丹荔，罗怀良，蒋景龙. 基于生态足迹方法的西南地区典型资源型城市攀枝花市的可持续发展研究［J］. 生态科学，2017，36（6）：64-70.

［106］郭存芝，彭泽怡，丁继强. 可持续发展综合评价的 DEA 指标构建［J］. 中国人口·资源与环境，2016，26（3）：9-17.

［107］海热提，涂尔逊，等. 城市可持续发展的综合评价［J］. 中国人口·

资源与环境，1997，7（2）：46-50.

［108］刘丹．基于二级模糊综合评价的城市环境可持续发展能力评价［J］．统计与决策，2014，18：56-59.

［109］宁宝权，彭望书，郭树勤，陕振沛．基于熵权和综合指数法的西部矿业城市环境可持续发展综合评价［J］．数学的实践与认识，2015，45（13）：50-57.

［110］钱耀军．生态城市可持续发展综合评价研究——以海口市为例［J］．调研世界，2014，12：54-59.

［111］徐梅．成都城市可持续发展能力的综合评价［J］．社会科学家，2007，6：66-70.

［112］许学强，张俊军．广州城市可持续发展的综合评价［J］．地理学报，2001，56（1）：54-63.

［113］张广毅，谭畅．长江三角洲城市可持续发展综合评价［J］．现代经济探讨，2006，10：30-34.

［114］Despotis，D. K. Improving the Discriminating Power of DEA：Focus on Globally Efficient Units［J］. Journal of the Operational Research Society，2002，53（3）：314-323.

［115］盛昭瀚，朱乔，吴广谋．DEA 理论、方法与应用［M］．北京：科学出版社，1996.

［116］魏权龄．数据包络分析［M］．北京：科学出版社，2004.

［117］Charnes，A.，Cooper，W. W.，Thrall，R M. A Structure for Classifying and Characterizing Efficiency and Inefficiency in Data Envelopment Analysis［J］. Journal of Productivity Analysis. 1991，2（3）：197-237.

［118］Giokas，D. I. Bank Branch Operating Efficiency：A Comparative Application of DEA and the Loglinear Model［J］. Omega，1991，19（6）：549-557.

［119］Charnes，A.，Cooper，W. W.，Huang，Z. M.，Sun，D. B. Polyhedral Cone-Ratio DEA Models with an Illustrative Application to Large Commercial Banks［J］. Journal of Econometrics，1990，46（1-2）：73-91.

[120] Yu, P., Lee, J. H. A Hybrid Approach Using Two-level SOM and Combined AHP Rating and AHP/DEA-AR Method for Selecting Optimal Promising Emerging Technology [J]. Expert Systems with Applications, 2013, 40 (1): 300-314.

[121] Adler, N., Liebert, V., Yazhemsky, E. Benchmarking Airports from a Managerial Perspective [J]. Omega, 2013, 41 (2): 442-458.

[122] Sueyoshi, T., Goto, M. Returns to Scale, Damages to Scale, Marginal Rate of Transformation and Rate of Substitution in DEA Environmental Assessment [J]. Energy Economics, 2012, 34 (4): 905-917.

[123] Wei, Q., Zhang, J., Zhang, X. An Inverse DEA Model for Inputs/Outputs Estimate [J]. European Journal of Operational Research, 2000, 121 (1): 151-163.

[124] Fare, R., Grosskopf, S., Lovell, C. A. K., Pasurka, C. Multilateral Productivity Comparisons When Some Outputs are Undesirable: A Nonparametric Approach [J]. The Review of Economics and Statistics, 1989, 90-98.

[125] Zhu, J. Quantitative Envelopment Analysis Models for Performance Evaluation and Benchmarking Data with Spreadsheets [C]. International Series in Operations Research & Management Science 51. Berlin: Springer, 2009.

[126] Ali Emrouznejad, Gholam R. Amin. DEA Models for Ratio Data: Convexity Consideration [J]. Applied Mathematical Modelling, 2009, 33: 486-498.

[127] 盛昭翰，朱乔，吴广谋. DEA 理论、方法与应用 [M]. 北京：科学出版社，1996.

[128] Yu, G., Wei, Q. L., Brockett, P. and Zhou, L. Construction of All DEA Efficient Surfaces of the Production Possibility Set under the Generalized Data Envelopment Analysis Model [J]. European Journal of Operational Research, 1996, 95: 491-510.

[129] Bancker, R. D. Estimating Most Productive Scale Size Using Data Envelopment Analysis [J]. European Journal of Operational Research, 1984, 17: 35-44.

[130] 成刚. 数据包络分析方法与 MaxDEA 软件 [M]. 北京：知识产权出

版社，2014.

[131] Banker, R. D., Charnes, A., Cooper, W. W. Some Models for Estimating Technical and Scale Inefficiencies in Data Envelopment Analysis [J]. Management Science, 1984, 30: 1078-1092.

[132] Cooper, W. W., Seiford, L. M., Tone, K. Data Envelopment Analysis: A Comprehensive Text with Models, Applications, References and DEA-Solver Software [M]. New York: Springer Science & Business Media, 2007.

[133] 成刚，钱振华．卫生体系效率评价的概念框架与测量方法——兼论应用数据包络分析的方法学问题 [J]. 中国卫生政策研究，2012，5：52-60.

[134] Green, R. H., Doyle, J. R. and Cook, W. D. Preference Voting and Project Ranking Using DEA and Cross-evaluation [J]. European Journal of Operational Research, 1996, 90: 461-472.

[135] Wu, J., Liang, L. and Chen, Y. DEA Game Cross-Efficiency Approach to Olympic Rankings [J]. Omega, 2009, 37: 909-918.

[136] Du, J., Cook, W. D., Liang, L. and Zhu, J. Fixed Cost and Resource Allocation Based on DEA Cross-efficiency [J]. EuropeanJournal of Operational Research, 2014, 235: 206-214.

[137] Lim, S., Oh, K. W. and Zhu, J. Use of DEA Cross-efficiency Evaluation in Portfolio Selection: An Application to Korean Stock Market [J]. European Journal of Operational Research, 2014, 236 (1): 361-368.

[138] Dotoli, M., Epicoco, N., Falagario, M. and Sciancalepore, F. A Stochastic Cross-efficiency Data Envelopment Analysis Approach for Supplier Selection under Uncertainty [J]. International Transactions in Operational Research, 2016, 23 (4): 725-748.

[139] Shang, J., and Sueyoshi, T. A Unified Framework for the Selection of Flexible Manufacturing System [J]. European Journal of Operational Research, 1995, 85 (2): 297-315.

[140] Etray, T., and Ruan, D. Data Envelopment Analysis Based Decision Model for Optimal Operator Allocation in CMS [J]. European Journal of Operational Research, 2005, 164 (3): 800-810.

[141] Macro, F., Fabio, S., Nicola, C. and Roberto, P. Using a DEA-cross Efficiency Approach in Public Procurement Tenders [J]. European Journal of Operational Research, 2012, 218: 523-529.

[142] Despotis, D. K. Improving the Discriminating Power of DEA: Focus on Globally Efficient Units [J]. Journal of Operational Research Society, 2002, 53: 314-325.

[143] 白思俊. 系统工程 [M]. 北京：电子工业出版社，2006.

[144] Wong, Y. H. B., and Beasley, J. E. Restricting Weight Flexibility in Data Envelopment Analysis [J]. Journal of the Operational Research Society, 1990, 41: 829-835.

[145] Tofallis, C. Input Efficiency Profiling: An Application to Airlines [J]. Computers & Operations Research, 1997, 24: 253-258.

[146] Seiford, L. M., and Zhu, J. Modeling Undesirable Factors in Efficiency Evaluation [J]. European Journal of Operational Research, 2002, 142 (1): 16-20.

[147] Lovell, C. A. K., Pastor, J. T. and Turner, J. A. Measuring Macroeconomic Performance in the OECD: A Comparison of European and Non-European Countries [J]. European Journal of Operational Research, 1995, 87: 507-518.

后　记

当我终于为这本书画上最后一个标点符号时，心中涌动着复杂的情绪。回顾这一路走来的点点滴滴，有艰辛，有困惑，更有无数次突破困境后的欣喜。

本书的诞生，首先要感谢我的家人。在我埋首于书稿的日子里，是他们给予了我无微不至的关怀和支持，让我能够心无旁骛地投入到创作中。他们的理解和鼓励，是我前进的动力。

其次，我还要衷心感谢我的导师王莉芳教授。在整个研究和写作过程中，导师以其渊博的学识、严谨的治学态度和无私的奉献精神，为我指明了方向，不断地启发我、鼓励我，让我在学术的道路上得以不断成长。

最后，我要感谢那些为我提供过帮助和支持的朋友们。他们或是与我进行深入的学术探讨，或是为我提供宝贵的资料和建议，或是在我感到迷茫和困惑时给予我精神上的慰藉。

在撰写这本书的过程中，我查阅了大量的文献资料，借鉴了众多学者的研究成果，在此向那些在相关领域做出杰出贡献的前辈们致以崇高的敬意。

由于本人水平有限，书中难免存在不足之处，恳请各位读者批评指正。希望这本书能够为相关领域的研究和发展贡献一分微薄之力。

感谢每一位翻开这本书的读者，愿它能给您带来启发和收获。

刘鹏

2024 年 7 月